智能光电信息处理与传输技术丛书

半导体纳米催化剂的调控合成及催化性能研究

何晓宇 著

中国科学技术大学出版社

内 容 简 介

本书主要以纳米半导体催化剂三氧化钨和氮化碳为例，研究了材料合成和光催化性能测试等一系列核心问题。内容主要包括绪论、$WO_3 \cdot 0.33H_2O$ 网格结构的诱导合成、立体 $WO_3 \cdot 0.33H_2O$ 网格光催化活性研究、$WO_3 \cdot 0.33H_2O$ 网格负载 Pt 的制备及电催化性质研究、$Ag_2O/WO_3 \cdot 0.33H_2O$ 异质结光催化亚甲基蓝研究、新型 n-n 异质结纳米复合材料 $g\text{-}C_3N_4\text{-}NS/Cu_3V_2O_8$ 在可见光下对 N_2 固定的光催化性能研究和基于结构设计提高光催化性能的进展。内容翔实，层次分明，涵盖了半导体纳米材料的特性、纳米材料的合成方法、能带理论、光催化材料结构设计技术以及光电催化技术等内容。

本书兼顾科学性和应用性，可供材料化学相关专业学生自学，也可供半导体物理、纳米材料光催化等领域的科研工作者和技术人员参考。

图书在版编目(CIP)数据

半导体纳米催化剂的调控合成及催化性能研究 / 何晓宇著. -- 合肥 ：中国科学技术大学出版社，2024.12. -- ISBN 978-7-312-06084-7

Ⅰ. TQ426

中国国家版本馆 CIP 数据核字第 2024Z8Z837 号

半导体纳米催化剂的调控合成及催化性能研究

BANDAOTI NAMI CUIHUAJI DE TIAOKONG HECHENG JI CUIHUA XINGNENG YANJIU

出版 中国科学技术大学出版社
安徽省合肥市金寨路 96 号，230026
http://press.ustc.edu.cn
https://zgkxjsdxcbs.tmall.com

印刷 安徽省瑞隆印务有限公司

发行 中国科学技术大学出版社

开本 710 mm×1000 mm 1/16

印张 7.5

字数 150 千

版次 2024 年 12 月第 1 版

印次 2024 年 12 月第 1 次印刷

定价 40.00 元

前　言

在过去的几十年里，能源转化和环境保护问题在全球范围内受到了广泛关注。为了解决过度使用化石燃料造成的能源危机和持续的环境污染问题，制备可再生能源和开发修复环境的友好材料是非常重要的。在众多的可再生能源解决方案中，半导体光催化技术被认为是非常实用、有前景的技术之一。本书是重庆市科委面上项目成果，主要以纳米半导体催化剂三氧化钨和氮化碳为例，研究了材料合成和光催化性能测试等一系列核心问题。内容主要包括绪论、$WO_3 \cdot 0.33H_2O$ 网格结构的诱导合成、立体 $WO_3 \cdot 0.33H_2O$ 网格光催化活性研究、$WO_3 \cdot 0.33H_2O$ 网格负载 Pt 的制备及电催化性质研究、$Ag_2O/WO_3 \cdot 0.33H_2O$ 异质结光催化亚甲基蓝研究、新型 n-n 异质结纳米复合材料 g-C_3N_4-NS/$Cu_3V_2O_8$ 在可见光下对 N_2 固定的光催化性能研究和基于结构设计提高光催化性能的进展。

本书内容翔实，层次分明，涵盖了半导体纳米材料的特性、纳米材料的合成方法、能带理论、光催化材料结构设计技术以及光电催化技术等内容。本书兼顾科学性和应用性，可供材料化学相关专业学生自学，也可供半导体物理、纳米材料光催化等领域的科研工作者和技术人员参考。

由于水平有限，错漏之处在所难免，恳请读者批评指正。

著　者

2024年5月

目　　录

第1章　绪　　论

1.1　纳米材料简介

纳米是一个长度单位，1 纳米(nm) = 10^{-9}米(m)。纳米科学技术诞生于 20 世纪 80 年代末期，是研究在千万分之一(10^{-7})米到十亿分之一(10^{-9})米内，原子、分子和其他类型物质运动和变化的科学以及在这一尺度范围内对原子、分子等进行操作和加工的技术。它是现代科学(混沌物理学、量子力学、介观物理学、分子生物学)和现代技术(计算机技术、微电子和扫描隧道显微镜技术、核分析技术、合成技术)结合的产物。纳米科学技术又引发了一系列新的科学技术，如纳米电子学、纳米材料学、纳米机械学等。创造和制备性能优异的纳米材料并设计、制备各种纳米器件和装置是纳米科学技术研究的主要内容。利用物质在纳米尺度上表现出来的物理、化学和生物学特性制造出具有特定功能的产品，是纳米科学技术的最终目标。在 21 世纪，纳米科学技术将带给人们更多功能超常的生产生活用具，把人们带向一个从未见过的生活环境。

在纳米材料中，界面原子占极大的比例，而且原子排列互不相同，界面周围的晶格结构互不相关，从而构成与晶态、非晶态均不同的一种新的结构状态。纳米晶粒和高浓度晶界是纳米材料的两个重要特征。现今，人们可以按照自己的意愿排列原子和分子，制备纳米结构。[1]纳米结构体系根据构筑过程中的驱动力是靠外因还是内因，大致可分为两类：一是纳米结构自组装体系；二是人工纳米结构组装体系。纳米晶粒中原子排列已不能按无限长程有序处理，通常大晶体的连续能带分裂成接近分子轨道的能级，高浓度晶界及晶界原子的特殊结构导致材料的力学性能、磁性能、电学性能等性能的改变。由于组成单元的尺度小，界面占用相当大一部分，因此由纳米微粒构成的体系具有不同于通常大块宏观材料体系的许多特殊性质，如小尺寸效应、表面效应等。这些效应使得人们容易通过外场(电、磁、光)等实现对纳米材料体系性能的控制，是设计纳米器件的基础。

1.1.1　纳米材料的基本性能

纳米微粒是由有限数量的原子或分子组成的、保持原来物质的化学性质并处于亚稳状态的原子团或分子团。当物质的粒径减小时，其表面原子数占总原子数的比例增大，原子的表面能迅速增大。到纳米尺度时，此种形态的变化反馈到物质的结构和性能上，就会显示出奇异的效应。这里主要介绍四种最基本的效应。

1. 小尺寸效应

纳米微粒尺寸相当于或小于光波波长、传导电子的德布罗意波长等特征尺寸时，晶体周期性边界条件被破坏，非晶态纳米微粒的颗粒表面层附近原子密度减小，因此材料的声、光、电、磁、热、力等特性呈现小尺寸效应。如纳米材料光吸收显著增加并产生吸收峰的等离子共振频移，磁有序态转换为磁无序态，超导相变为正常相，声子谱发生改变等。

2. 表面效应

纳米粒子的表面原子数占总原子数的比例随粒径减小而急剧增加，如图 1.1 所示。表面原子数增多、表面原子配位数不足和表面能增高，使得原子易与其他原子结合而稳定下来，即表面原子具有很高的化学活性，引起纳米材料表面原子输运和构型的变化，这一现象称为纳米材料的表面效应。人们可以利用这一效应来提高催化剂效率和吸波材料的吸波率等。

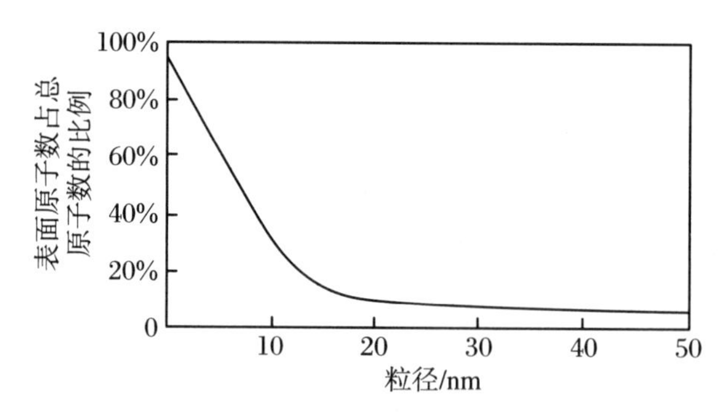

图 1.1　粒径大小对表面原子数的影响

3. 量子尺寸效应

当能级间距大于热能、磁能、静电能、光子能量或超导态的凝聚能等时，必须考虑量子尺寸效应带来的影响。量子尺寸效应会导致纳米微粒的磁、光、声、电特性与宏观状态下不同。[2-3]纳米材料的这一性质也可用来解释为什么 SiO_2 的粒径小于一定尺寸时，其会从绝缘体变为导体。

4. 宏观量子隧道效应

微观粒子具有贯穿势垒的能力，这一现象称为隧道效应。人们发现一些宏观量，如微颗粒的磁化强度、相干器件中的磁通量等也具有隧道效应。如磁化强度，对于具有铁磁性的磁铁，其粒子尺寸到达纳米级时，即由铁磁性变为顺磁性或软磁性。早期用此效应解释超细镍微粒在低温保持超顺磁性现象。

1.1.2　纳米材料的宏观特性

1. 力学性质

纳米材料具有很大的界面，而界面的原子序列是相当混乱的，这就导致了原子在外力作用下容易迁移，从而使其表现出很强的韧性和延展性。在 Al_2O_3 陶瓷中加入少量的纳米 SiC，其性能显著提高，抗弯强度由原来的 300～400 MPa 提高到 1.0～1.5 GPa，断裂韧性也提高了 40%。

2. 热学性质

纳米材料具有特殊的热学性能，如熔点下降。金常规熔点为 1064 ℃，而 10 nm 的金粉熔点为 940 ℃，2 nm 的金粉熔点为 327 ℃；银的常规熔点为 670 ℃，而纳米银熔点 <100 ℃。纳米微粒的熔点、开始烧结温度和晶化温度均比常规粉体低得多。由于粒径小，纳米微粒表面能高、表面原子数多。这些表面原子近邻配位不全、活性高及纳米微粒体积远小于大块材料，因此纳米粒子熔化时所增加的内能小得多，这使得纳米微粒熔点急剧下降。[4]

3. 磁性质

当纳米物质粒径足够小时，则其呈现出超顺磁性。磁性超细微颗粒具有高的矫顽力。[5]如 Fe-Co 合金，氧化铁作为高储存密度的磁记录磁粉，大量应用于磁带、磁盘、磁卡等。

4. 光学性质

当纳米粒子的粒径与超导相干波长、玻尔半径以及电子的德布罗意波长相当时，量子尺寸效应十分显著。与此同时，大的比表面积使处于表面上的原子、电子与处于小颗粒内部的原子、电子相比，行为有很大的差异。表面效应和量子尺寸效应对纳米微粒的光学特性有很大的影响，甚至使纳米微粒具有同样材质的宏观大块物体所不具备的新的光学特性。[6]

5. 电学性质

众所周知，银是优良的导体，但是 10～15 nm 的银颗粒电阻突然升高，失去金属的特征,变为非导体。对于典型共价键结构的氮化硅、二氧化硅等,当尺寸达到15～20 nm时,电阻大大下降,用扫描隧道显微镜观察时,不需要在其表面镀导电材料就能观察到其表面的形貌。

6. 化学性质

随着纳米粒子粒径减小,表面原子数迅速增多,表面能增高。由于表面原子数增多,原子配位不足及高的表面能,使表面原子有很高的化学活性,极不稳定,很容易与其他原子结合。化学惰性的 Pt 制成纳米微粒后成为活性极高的催化剂。

纳米科学技术是在纳米尺度内通过对物质反应、传输和转变的控制来创造新材料、开发器件及充分利用他们的特性,探索在纳米尺度内物质运动的新现象和新规律的科学技术。纳米材料之所以能迅速发展,是因为它集中体现了小尺寸、复杂构型、高集成度和强相互作用以及大表面积等现代科学技术发展的特点。随着社会的发展、经济的振兴,人们对高科技的需求越来越迫切;随着元器件的超微化、高密度集成和高空间分辨等,人们对材料的尺寸要求也越来越高。

纳米材料的物理、化学性质既不同于微观的原子、分子,也不同于宏观物体,纳米世界介于宏观世界和微观世界之间,人们把它叫作介观世界。在纳米世界里,人们可以控制材料的基本性质,如熔点、硬度、磁性、电容,甚至颜色,而不改变其化学组分。因此,纳米材料具有其他一般材料所没有的优越性能,可广泛应用于生物医学、信息产业、军事、航空航天等众多领域,在新材料的研究方面占据核心的位置。

1.1.3　纳米材料的应用

纳米材料的小尺寸效应、表面效应、量子尺寸效应和宏观量子隧道效应等,使得其呈现出许多奇异的力、热、磁、光、电等性质,在生物医学、信息产业、军事、航空航天、环境保护、新能源等方面具有广阔的应用前景。

1. 生物医学中的应用

纳米生物医学技术将纳米技术、生物技术和医学技术相集成,成为现代生物医学工程最重要的组成部分。制造纳米尺度的药物是医药行业面临的新的决策。纳米材料也越来越多地应用于电化学免疫生物传感器与免疫检测中。[7-9] 目前可用于临床诊疗中的纳米器件主要有以下几种:① 纳米生物传感器,用于监测、收集、播送体内细胞的健康状态和病变信息。② 纳米药物存储器,用于存储、运输指定存储的药物,并按指定的部位存放,即定点给药,其体积可达数微米。③ 纳米生物导弹,直接用于治疗各种细胞水平的疾病,对疾病组织有亲和力,对病变细胞有杀伤力,可特异性地杀灭肿瘤细胞。④ 纳米细胞修复器,用于修复细胞内的各种病变,如线粒体、细胞核的病变。⑤ 纳米细胞监督器,用于监视免疫细胞、白细胞等细胞正常功能的发挥。⑥ 纳米细胞清扫器，帮助清除体内的代谢废物以及外界进入体内的有害物质。⑦ 纳米细胞检疫器（又称纳米秤），科学家发明了世界上最小的“秤”，能够称量 10^{-9} g 的物体，即相当于一个病毒的质量。利用纳米秤可称出不同病毒的质量，以发现新的病毒。

2. 信息产业中的应用

信息产业在我国有着非常重要的地位。目前利用纳米电子学已经成功研制出了各种纳米器件。纳米级磁读卡机以及存储容量为目前芯片上千倍的纳米级存储器芯片都已投产。单电子晶体管，红、绿、蓝三基色可调谐的纳米发光二极管以及利用纳米丝、巨磁阻效应制成的超微磁场探测器已经问世。可以预见，未来以纳米技术为核心的计算机处理信息的速度将更快，效率将更高。利用纳米技术制造的分子逻辑器件的容量远远大于目前的微处理器和随机存储器芯片的容量，其可实现通信瞬时化。

1998 年，IBM 公司和日本 NEC 公司合作，用半导体碳纳米管在实验室制成了场效应晶体管。[10] 2002 年，C. M. Lieber 小组采用半导体纳米线在金电极上构建了场效应晶体管，如图 1.2 所示，以一根纳米线为源极(S)和漏极 (D)，以另一根纳米线为门极(G)，通过通道的导通性来控制晶体管的逻辑“与”或“非”。[7]

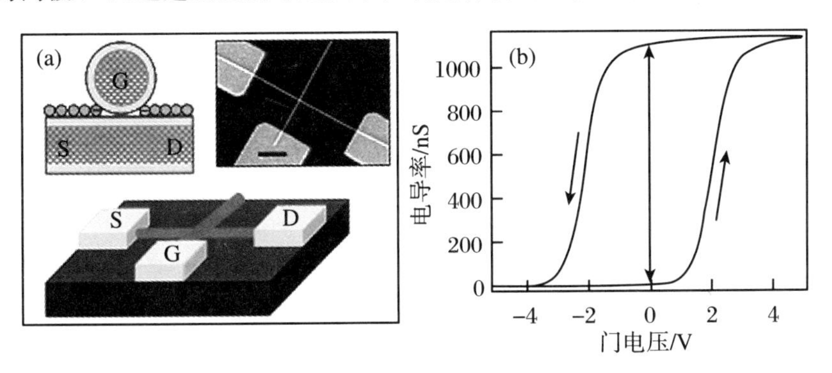

图 1.2　纳米线场效应晶体管的原理图及门电压与电导率之间的关系图[7]

(a)中的插图为晶体管的扫描电镜图片

3. 军事及航空航天中的应用

越来越多的国家认识到纳米技术的重要性，并积极投入到其研发中。随着信息技术的发展，战争发生了根本的变化：一方面打击手段不断智能化、精确化；另一方面，打击目标从传统的生产设施转向信息系统。纳米武器具有超微型和智能化的明显优势。纳米材料在军事领域的应用主要有以下几个方面：① 改进材料性能和提高武器装备质量。纳米陶瓷能够克服传统陶瓷的脆性和不耐冲击等致命弱点，有望作为舰艇、飞机涡轮发动机部件的理想材料。② 改进武器装备的隐形功能。由于纳米材料的特殊结构，表面效应和宏观量子隧道效应等将对武器装备的吸波性能产生重要的影响。利用纳米材料的粒径小于红外和雷达波波长的特点，有望制成电磁波吸波率非常高的隐形材料，从而改善飞机、坦克、导弹等的隐形性能。③ 增强信息存储和获取能力。④ 使武器装备高速化。以镍纳米微粒作催化剂，可使武器弹药装药的燃烧效率提高 10 倍，不但提高了火箭、飞机、导弹、子弹的飞行速度，而且提高了导弹、子弹的穿透能力。⑤ 使武器装备微型化。⑥ 使武器装备智能化。

4. 环境保护中的应用

随着世界经济的发展，环境污染日趋严重。纳米材料具有独特的物理、化学性能，因此可以作为高效催化剂、抗菌剂、吸附剂等应用于环境污染的治理中，使一些功能材料在污染治理技术中有更广泛的应用。[11-13]纳米材料在空气处理、水处理等方面有着广阔的应用前景。北大博雅公司利用液相纳米技术研制出了 NANO 牌纳米燃油添加剂。通过纳米级的微爆，燃油二次雾化后，与空气混合均匀、充分，燃烧更彻底，可广泛应用于工业和商业用汽油、柴油和重油等。传统的水处理方法效率低、成本高、存在二次污染，污水治理一直得不到很好的解决。纳米技术的发展和应用使这一难题有望得到彻底的解决。一种新型的纳米级净水剂具有很强的吸附能力，它的吸附能力和絮凝能力是普通净水剂三氯化铝的 10～20 倍，能将污水中的悬浮物完全吸附并沉淀下来。先使水中不含悬浮物，然后采用含有纳米磁性物质、纤维和活性炭的净化装置可有效去除水中的铁锈、泥沙以及异味等。另外，还可以利用纳米材料的光催化性质来降解水中的污染物。如纳米材料 TiO_2、ZnO 等，就是很好的光催化材料，可以成功降解水中的污染物甲基橙[14]、罗丹明[15-16]、亚甲基蓝，对苯酚[17-19]等其他传统技术难以降解的有机污染物，也有很好的降解效果。

5. 新能源中的应用

随着社会经济的发展，人们对能源的需求越来越多。而世界上储存的传统能源是有限的，不能无限使用。所以，研究新能源成为世界热点课题，新能源能够提供新的选择，让人类走向更加繁荣的明天。锂离子电池是 20 世纪 90 年代发展起来的一种新型的化学电池。与传统电池相比，锂离子电池具有容量高、工作电压高、自放电小、无记忆效应、循环寿命长、质量轻、安全可靠等特点。锂离子电池的性能很大程度上取决于正负极材料的种类、制备工艺等。美国斯坦福大学用 $LiMn_2O_2$ 和 $Li_4Ti_5O_{12}$ 研发出透明的锂离子电池[20-21]，引领了全透明电子产品的产生。在太阳能应用方面，ZnO[22] 和 TiO_2[23] 等纳米材料也受到了广泛的关注。2006 年，美国加州大学伯克利分校杨培东教授小组在透明导电薄膜上定向生长了 ZnO 纳米线阵列。图1.3中的ZnO纳米线阵列染料敏化太阳能电池的转换效率可以达到1.5%。[22]

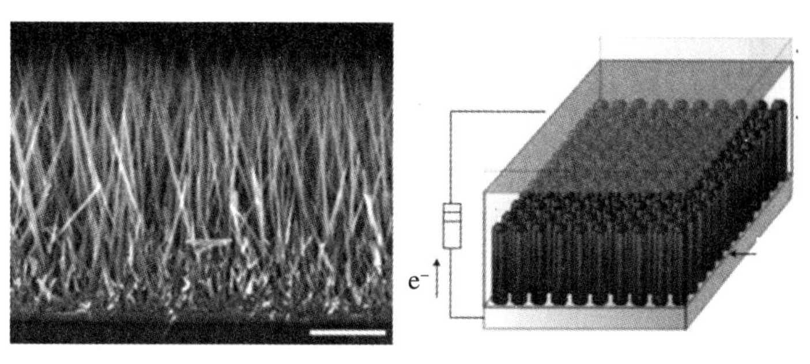

图1.3 ZnO纳米线阵列染料敏化太阳能电池[22]

1.2 直接醇类燃料电池

1.2.1 研究直接醇类燃料电池的原因

随着世界经济的增长和人口的增多,地球上有限的能源越来越不能满足人们的需求。再加上人类的过度开发以及不合理的应用,造成能源资源的浪费和环境的恶化。因此,寻求一种高效、环保的新能源已经成为全世界关注的问题。燃料电池是一种可以不通过燃烧过程而直接将燃料的化学能转化为电能的装置。这种电池转换效率高,污染小,不需要充电,被美国《时代周刊》列为21世纪高科技之首。[24]

直接醇类燃料电池的燃料来源丰富,如甲醛、乙醇、甲醇等。其中甲醇因为分子结构简单而受到广泛关注,将甲醇作为燃料一直是研究的热点。[25-31]近年来,对其他有机化合物电催化氧化的研究也在逐渐展开。对二甲醚[32]、甲酸[33-34]、肼[35]、甲醛[36]、异丙醇[37]、乙二醇[38]等燃料电池的研究在逐渐进行。在众多可作为燃料的有机物中,乙醇[39-44]受到了广泛的关注。因为乙醇来源广泛,对人体毒害小,在低温下具有高的反应活性,而且是一种简单的醇类物质,通过简单的有机物发酵就可以实现大批量的生产,是典型的可再生绿色能源。有效利用乙醇进行能量的转换将成为燃料电池非常重要的研究课题。

1.2.2　直接醇类燃料电池的原理

直接醇类燃料电池由电解质膜、电极、极板和电流收集板组成。图1.4为直接甲醇燃料电池(DMFC)的工作原理图。电极由扩散层和催化层组成,其中催化层是电化学反应的场所。常用的催化剂为碳载贵金属催化剂,阳极催化剂为Pt-Ru/C,阴极催化剂为Pt/C。扩散层的作用是传导反应物、支撑催化层。DMFC的电极反应与总反应方程式分别为

阳极反应:$CH_3OH + H_2O \longrightarrow CO_2 + 6H^+ + 6e^-$,　$E_{阳极} = 0.046\ V$

阴极反应:$1.5O_2 + 6H^+ + 6e^- \longrightarrow 3H_2O$,　$E_{阴极} = 1.229\ V$

总反应:$CH_3OH + 1.5O_2 \longrightarrow CO_2 + 2H_2O$,　$E_{电池} = 1.183\ V$

总反应相当于甲醇燃烧生成二氧化碳和水。总反应式的可逆电动势为1.214 V,与氢氧燃烧反应的可逆电动势(1.229 V)接近。这也是人们对DMFC感兴趣的原因之一。C—H的断裂是甲醇电催化氧化的关键,对甲醇的氧化效率影响很大。催化剂表面吸附物解离生成中间体的过程是迅速的。甲醇氧化的初始电流密度很大,但迅速减小四五个数量级,这是由于生成了中间体。Pt_3COH是氧化过程中的活性中间体,在氧化过程中也可能生成PtCO,而PtCO是毒性中间体,是催化剂中毒的主要原因。CO类中间体在金属的表面吸附最为牢固,不容易氧化除去,且占据反应活性点,阻碍甲醇和水的进一步吸附分解。找到一种可以防止或减小Pt中毒的催化剂,是当前需要解决的棘手问题。

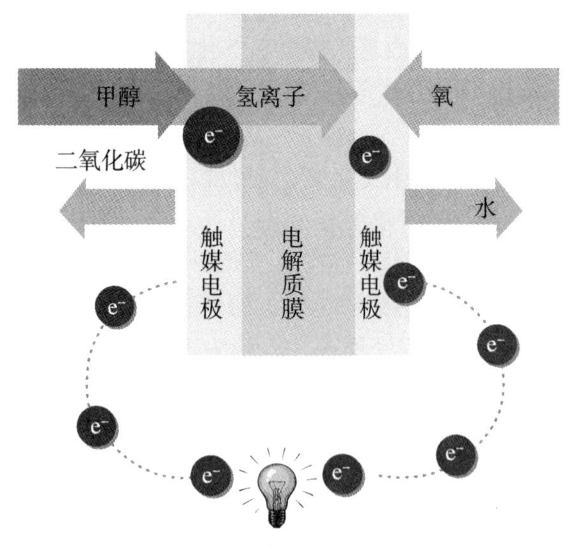

图1.4　直接甲醇燃料电池的工作原理

1.2.3 DMFC的阳极催化剂

虽然DMFC在交通工具、移动电源、便携式电子设备等领域具有广阔的应用前景，但至今仍未商业化。这主要是因为以下几个问题还未得到解决：第一，催化剂昂贵；[45-46]第二，阳极催化剂的毒化，甲醇在阳极催化氧化的过程中形成的CO类中间体会吸附在催化剂Pt的表面，使其中毒，导致催化活性降低；[47-48]第三，甲醇的渗透，阳极室的甲醇穿过电解质膜渗透到阴极室，不仅降低了燃料的利用率，而且渗透的甲醇在阴极放电，引发混合电位，降低了阴极催化剂还原氧的效率，从而使电池性能下降。[49-51]

1. Pt催化剂

金属Pt在酸性溶液中有较高的化学稳定性，且对甲醇有较高的电催化活性，在DMFC研究初期，Pt一般作为阳极催化剂。其他金属(如Pd、Ru等)也可作为甲醇氧化的催化剂，但催化活性较低。[52-55]在早期，研究人员采用Pt黑作催化剂，但后来发现，有载体时催化剂的催化活性比单纯的Pt黑的催化活性要高。这可能是因为以下两点[56-58]：① 载体使得催化剂Pt的比表面积增大；② 载体会加强Pt颗粒的催化作用。Pt黑及Pt/C催化剂虽然容易中毒，但因为其构成简单，所以仍然作为催化剂被广泛应用于直接醇类燃料电池的研究中。[59-61]

2. Pt基催化剂

甲醇电化学氧化反应活性低、中间产物容易引起Pt催化剂中毒，为了解决这个问题，研究人员做了大量的实验，如改变催化剂结构和采用不同的载体等。[62-64]其中研究最多的就是在单一的Pt催化剂中加入其他的金属，组成二元或多元催化剂。典型的催化剂组成为Pt-Ru、Pt-Ru-W、Pt-Ru-Os-Ir。[65-67]Pt-Ru是目前研究最广泛的阳极电催化体系，除此之外的Pt基二元催化剂中，Pt-Sn、Pt-W和Pt-Mo研究较多。W的加入能显著地增加—OH_{ads}的数量，有利于CO的氧化。W的电催化氧化作用可能来源于W的氧化态在反应过程中的迅速转变。有研究发现仅将氧化钨粉末与Pt黑机械混合，就能明显地提高催化剂的抗CO中毒能力。通过对不同原子比的Pt-WO_{3-x}催化剂研究，发现$N_{Pt}:N_W=3:1$时的催化活性最高，$N_{Pt}:N_W=3:2$时催化活性最低，且有较大的欧姆化。催化剂中W的含量较高时，过量的WO_{3-x}覆盖Pt的活性点，减弱对反应物的吸附，使催化剂的导电性能下降。

1.3 WO_3晶体的结构

W是过渡金属元素,位于元素周期表第6周期ⅥB族。1781年,瑞典化学家C. W. Scheele发现了白钨矿,并提取出钨酸。WO_3是典型的过渡金属半导体,它的结构类似于ReO_3晶体,8个钨离子和24个氧原子组成一个晶胞,更小的结构单元是钨离子位于八面体的中心,6个氧原子位于正八面体的顶点[68-69],但这只是理想情况。实际情况下WO_3的晶体结构会产生一定程度的扭曲。

研究表明[70],退火温度和时间对WO_3的物相有很大的影响。在-150～800 ℃,WO_3至少会发生5次相变:在-143～-50 ℃范围,WO_3为单斜晶系;在-50～17 ℃范围属于三斜晶系;在17～330 ℃范围属于单斜晶系;在330～740 ℃范围属于正交晶系;当温度高于740 ℃时又转变为四方晶系。XRD检测结果表明,这些从低温到高温的相变是不可逆的。当温度逐渐降低,WO_3不会回到以前温度下存在的相结构。另外,掺杂也可以改变WO_3的相结构,在确定掺杂量和掺杂剂条件下,相结构稳定存在。图1.5列出了几种常见的WO_3晶体结构。

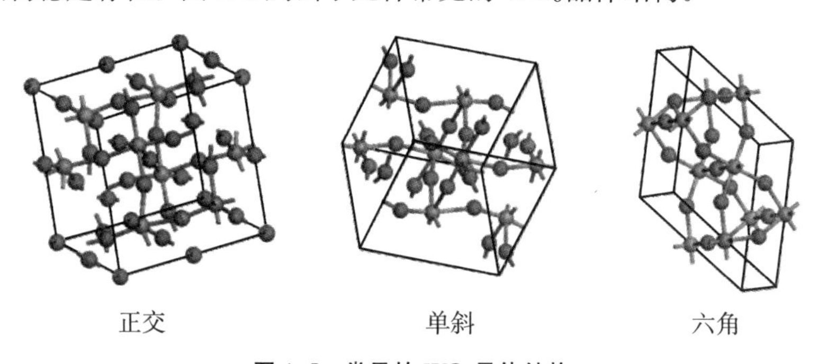

图1.5 常见的WO_3晶体结构

1.4 WO_3的性质及应用

WO_3的密度为7.2～7.4 g/cm^3,沸点为1700～2000 ℃,温度高于800 ℃时显著升华。WO_3易溶于氢氧化物水溶液及碳酸盐的熔体中,不溶于除氢氟酸以外的无机酸。在700～900 ℃时,WO_3很容易被一氧化碳、氢气还原成金属钨与WO_2。含结晶水的WO_3也是WO_3研究很重要的一部分。含结晶水的WO_3($WO_3 \cdot nH_2O$)

一般是在用液相法制备 WO_3 的时候产生的。对 $WO_3 \cdot nH_2O$ 进行退火，就得到了 WO_3。很多科学家在20世纪就开始对 $WO_3 \cdot nH_2O$ 进行研究[71-72]，当时发现了4种 $WO_3 \cdot nH_2O$ 晶体，分别是 $WO_3 \cdot 2H_2O$、$WO_3 \cdot H_2O$、$WO_3 \cdot 0.5H_2O$ 和 $WO_3 \cdot 0.33H_2O$。其中 $WO_3 \cdot 0.33H_2O$ 是在1981年被 Gerand[73] 发现的，Zhou[74] 等发现立方晶相的 $WO_3 \cdot 0.33H_2O$ 里含有两种结构的 WO_6 正八面体。$WO_3 \cdot nH_2O$ 的性质和 WO_3 差不多，近年也有一些对它的研究。

1. 气敏传感

大量研究表明，WO_3 是一种很好的气敏材料，能较准确地检测出 NO_2[75]、H_2S[76] 等有毒气体。WO_3 纳米材料具有较强的吸附功能，当它与空气中的 H_2、NH_3 接触时，发生如下反应：

$$H_2 + O^-_{ads} \longrightarrow H_2O + e^-$$

$$2NH_3 + 3O^-_{ads} \longrightarrow N_2 + 3H_2O + 3e^-$$

当与空气中的气体 N_2、NO_2 接触时，WO_3 会失去电子，使得表面空间电荷层的传导电子减少，从而使元件处于高阻状态，发生了如下反应：

$$N_2 + e^- \longrightarrow (NO_2)^-_{ads}$$

$$NO_2 + (O_2)^-_{ads} + 2e^- \longrightarrow (NO_2)^-_{ads} + 2O^-_{ads}$$

向 WO_3 材料中掺杂或者减小晶体粒径可以提高 WO_3 传感器的气敏性和选择性。[77]

2. WO_3 的光学性质

对 WO_3 研究较多的就是它的光学性质，即电致变色。电致变色是指在外加电场作用下，材料的光学性能发生连续可逆变化的现象。其过程可以用双电荷注入模型来解释[78]：

$$WO_3 + xA^+ + xe^- \rightleftharpoons A_xWO_3$$

其中 A^+ 为一价离子，如 Na^+、Li^+、H^+ 等。A_xWO_3 是含 W^{5+} 的钨青铜。随着注入电子的增多，WO_3 的颜色由淡黄变为深蓝。WO_3 的电致变色原理是 W^{6+} 离子与 W^{5+} 离子之间相互转换，使其着色和退色。除了电致变色以外，其他因素也可以使 WO_3 变色，比如加热、光照等。[79] 有些研究者发现，将 WO_3 薄膜放在紫外光下照射，其表面颜色也会发生变化。原因是 WO_3 在光照下产生了电子和空穴，空穴与薄膜表面的水分子反应生成的氢离子扩散到薄膜里面而使得有钨青铜形成。

3. 光催化

近年来，随着汽车尾气和工业废气带来的氮氧化物、硫化物和一氧化碳的增加，空气质量越来越差。利用纳米催化剂的光催化作用可将这些气体氧化，形成蒸气压低的硝酸、硫酸以及二氧化碳等，产生的硝酸和硫酸可以在降雨过程中除去，而且雨水经过大气中粉尘的中和几乎无酸性，从而达到净化空气的目的。TiO_2是除污染时最常用到的催化剂。但TiO_2的禁带宽度(带隙)为3.2 eV，比较宽，它的光催化反应只能被紫外光激发。WO_3的禁带宽度为2.4～2.8 eV，相对较窄，使用可见光就能起到降解的作用。而且WO_3在酸性环境里非常稳定，用它来降解有机酸污染的水溶液是一个很好的选择。[80] F. E. Osterloh[81]的研究表明，WO_3光降解水的性能明显优于TiO_2。R. Chatten[82]指出，氧空位会影响WO_3的能级结构和晶型从而影响材料的光催化性能。纳米结构的WO_3因为大的比表面积而具有较高的催化活性。Wu[61]等还指出，不同纳米结构的WO_3的催化效果是不一样的，特别是经过不同温度退火以后的WO_3纳米颗粒。同时，有效的掺杂也可以提高WO_3的催化活性。

4. 其他

除上述性质和应用外，WO_3在波吸收[83]、压敏电阻[84]、锂离子电池[85]等方面的作用也被研究。NH_3氛围下通过控制温度和时间，Y. C. Nah等实现了WO_3多孔膜的N掺杂，并发现N掺杂WO_3薄膜的光电流显著增强。[86]另外，WO_3用在燃料电池催化甲醇、乙醇也被研究，WO_3具有独特的性质，可以促进Pt对甲醇的电催化氧化。研究表明，材料的制备方法及微结构对其性能有很大的影响。

1.5 纳米WO_3的常用制备方法

纳米材料的研究和应用已涉及材料领域的各个方面，各国在深入研究纳米材料结构和性能的同时，也很重视纳米材料制备方法的研究。一般来说，纳米材料的制备包括颗粒、块体、薄膜等的制备，制备的关键是控制颗粒的大小和获得较窄的粒径分布。目前对纳米材料的研究主要集中于两个方面：一是探索新的合成方法，发展新的纳米材料；二是系统研究纳米材料的性能、微结构和谱学特征。研究表明，材料的制备方法对其形貌、结构、性质等有很大影响，因此研究WO_3的制备方法很有必要。本节简要介绍几种常用的制备纳米WO_3的方法。

1.5.1 溅射法

溅射法的原理是用带电粒子轰击靶材，加速的粒子轰击固体表面时，原子碰撞并发生能量和动量的转移，使靶材原子从表面逸出并淀积在衬底材料上。由于溅射过程含有动量的转换，所以溅射是有方向性的。磁控溅射技术因具有工作气体压力较低、沉积速度较快等优越性能，成为最广泛应用的一种溅射法。利用直流磁控溅射装置，以 99.95%的 W 作靶材，在 Ar(50%)-O_2(50%)混合气氛下，对混合气体进行直流射频激发放电，B. Gavanier 等[87]使 WO_3沉积在衬底上，他们还对制得的 WO_3薄膜的电致变色性能进行了研究。溅射法是很常用的一种成膜方法，但设备昂贵，成本较高。

1.5.2 热蒸发法

真空热蒸发是在真空室中，加热蒸发器中待形成薄膜的源，使其原子或分子从表面汽化逸出，形成蒸气流，入射到衬底或基片表面，凝固形成固态薄膜的方法。已经有人通过这种方法制备出形貌各异的 WO_3 材料。如图 1.6(a)所示的树状结构的 WO_3，是在 Ar 气氛下，于 1600 ℃环境中加热钨箔得到的。[87]在 950～1000 ℃条件下加热钨丝，得到了 WO_3 纳米棒阵列[88]，如图 1.6(b)所示。图 1.6(c) 为 1450 ℃左右，在 Ar 环境中，J. Zhou 等[89]制备得到的半径约 10 nm 的 WO_3 纳米尖(nanotip)。随后他们又发现通过蒸发钨粉，可以制备出由 WO_3纳米线组成的网格[73]，如图 1.6(d)所示。

图 1.6　利用热蒸发法制备的不同形貌 WO_3 纳米材料

(a) 树状结构[87]；(b) 纳米棒阵列[88]；(c) 纳米尖[89]；(d) 纳米线网格[73]

热蒸发法制成的膜纯度高，均匀性好，但是设备昂贵，制备工艺烦琐，且需要高温，不适宜大面积制备薄膜。

1.5.3　溶胶-凝胶法

溶胶-凝胶法是指金属有机或无机化合物经过溶液、溶胶、凝胶而固化，再经热处理而形成氧化物或其他固体化合物的方法。[90]通过该方法，人们在材料制备初期就对其微观结构进行控制，使均匀性可达到亚微米级、纳米级甚至分子级水平。可以利用此法对材料性能进行剪裁。[91]溶胶-凝胶法不仅可以用来制备粉体材料，而且可用来制备薄膜、纤维等材料。研究表明，采用溶胶-凝胶法，可以钨粉过氧化聚钨酸的溶液为前驱物，制得 WO_3 薄膜；[92]钨酸钠胶体经离子交换也可以制得 WO_3 薄膜，且该薄膜具有良好的电化学性能。[93]

溶胶-凝胶法设备简单，易操作，制得的材料纯度高，均匀性好，但制成的膜的寿命不高，容易脱落。

1.5.4　水热法

水热法合成纳米材料是指在一定的温度(100～1000 ℃)和压强(1～100 MPa)条件下利用过饱和溶液中物质的化学反应进行合成的方法。利用水热法可以使难溶或者不溶的物质溶解重结晶，且合成出来的粉末结晶度非常高。很多研究小组已经通过水热法制备出了各种形貌的 WO_3 纳米材料，如图 1.7 所示的纳米带[92]、纳米微球[93]、球壳结构[90]和森林状薄膜[91]。

图 1.7　采用水热法制备的具有不同形貌的 WO_3 材料

(a) 纳米带[92]；(b) 纳米微球[93]；(c) 球壳结构[90]；(d) 森林状薄膜[91]

与其他的溶液合成技术相比，水热法不需要煅烧就能直接获得粉体，且粉体的大小、均匀性、成分都能得到严格的控制，粉体分散性好，活性高。水热法所需的设备简单，费用低，大大降低了能耗，也简化了操作程序。

此外，水热法在控制产物形貌方面也有巨大优势。首先，可以通过调节反应条件，如温度、压力、组分、pH 等，使产物呈现出各种特别的形貌。[94]其次，过程简单有效。近年来，不少研究者已通过这种方法对 WO_3 产物形貌进行调控。Z. J. Gu 等[95]通过调节溶液的 pH，反应生成了不同形貌的 WO_3，如图 1.8 所示。当溶液 pH 为 1.6 时，生成如图 1.8(a)所示的 WO_3 纳米线；当溶液 pH 为 1.2 时，纳米线结团、变粗，产物如图 1.8(b)所示；当溶液 pH 为 0.5 时，产物就变成了不规则的颗粒，如图 1.8(c)所示。

有研究表明，通过改变溶液里的诱导剂，也可以调控产物的形貌。Z. J. Gu 等[95-96]通过加入不同的硫酸盐（Li_2SO_4、K_2SO_4、Rb_2SO_4），研究其对水热合成的 WO_3 形貌的影响，如图 1.9 所示。当溶液中的盐为 0.3 g Li_2SO_4 时，会生成 WO_3 纳米线（图 1.9(a)）；当溶液中的盐为 0.3 g K_2SO_4 时，产物为 WO_3 纳米带（图 1.9(b)）；当溶液中盐为 0.3 g Rb_2SO_4 时，产物为 WO_3 纳米微球（图 1.9(c)）。将诱导剂的量由 0.3 g 增加到 1 g 时，WO_3 又被诱导成另外的形貌，如图 1.10 所示。

图 1.8　Z. J. Gu 等通过调节溶液 pH 合成了形貌不同的 WO_3

(a) pH = 1.6；(b) pH = 1.2；(c) pH = 0.5

图 1.9　Z. J. Gu 等使用 0.3 g 的 Li_2SO_4、K_2SO_4、Rb_2SO_4 诱导合成的 WO_3

(a) 纳米线[95]；(b) 纳米带[96]；(c) 纳米微球[96]

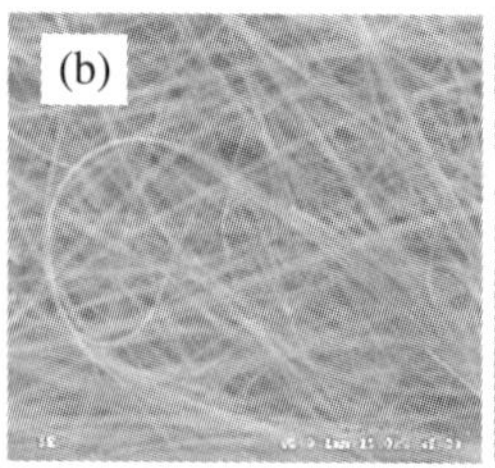

图 1.10 Z. J. Gu 等人使用 1 g 的 Li_2SO_4、K_2SO_4、Rb_2SO_4 诱导合成的 WO_3

(a) 纳米块；(b) 纳米线；(c) 纳米墙

当然，无机盐的种类很多，通过其他无机盐在合适的条件下也可以制备出类似形貌的 WO_3 材料。比如，使用 NaCl 可以诱导合成 WO_3 纳米棒[97]，用 Na_2SO_4 可以合成 WO_3 微球。在产物制备过程中，定量地加入一些无机盐，会得到一些意想不到的形貌新颖的 WO_3 纳米材料。但无机盐在产物结构形成过程中的诱导机理还有待进一步研究。

1.6 纳米光催化简介

太阳光是地球上取之不尽的清洁能源，充分利用它是解决目前世界范围内的能源危机和环境污染问题最有前景的方式。而充分利用太阳光的关键是构筑高效的光催化或光电催化体系，进而大幅提高光催化剂的效率。光催化反应是指在光照条件下，光催化剂吸收光能，从而引发的化学反应。这种反应机理涉及以下关键步骤：

(1) 光吸收。光催化剂(通常是纳米半导体材料)吸收光能，其中电子从基态跃迁到激发态。这种吸收通常发生在可见光或紫外光范围内，因为在这个范围内光的能量与光催化剂的带隙相匹配。

(2) 电子空穴对的分离。在吸收光能后，光催化剂中的电子和空穴分离。电子被激发到导带，而空穴留在价带。

(3) 电子和空穴的传输。激发的电子和空穴在光催化剂内进行传输。这可以通过电子在导带中自由移动和空穴在价带中进行扩散来实现。

(4) 反应表面吸附。光生载流子到达光催化剂表面，并吸附到表面上的反应物分子上，这通常涉及物理吸附或化学吸附过程。

(5) 化学反应。表面吸附的反应物分子发生化学反应。这可能是光催化剂吸附的分子之间的直接反应，也可能是光催化剂吸附的分子与周围环境中的其他物质之间的反应。

（6）产物释放。化学反应产生的产物从光催化剂表面释放出来，并进入溶液或空气中。

这些步骤构成了光催化反应的基本机理。自1972年发现TiO_2电极光催化分解水制氢以来，经过五十多年对光催化剂和光催化反应过程的深入研究，发现光催化效率主要取决于光生载流子的激发、光生电子空穴对的分离和传输、活性点上的氧化还原反应这三个过程的协同作用。而这三个过程中包含一些关键的问题：提高光催化剂吸光效率和对光谱的响应范围；光生电子空穴对（光生载流子）的定向输运和有效分离；增强反应活性点的氧化还原能力等。此外，控制光照强度、波长和反应体系中其他的组分也可以影响光催化反应。

第2章　$WO_3 \cdot 0.33H_2O$ 网格结构的诱导合成

从发展的角度来看，可持续发展将是人类社会进步的唯一选择。纳米科学技术推动产品的微型化、高效能化和环境友好化，这将极大地节约资源，减少人类对有限资源的过分依赖，并促进生态环境的改善。目前对纳米材料的研究主要集中在两个方面：一是不断探索新的合成方法，发展新的纳米材料；二是系统研究纳米材料的性能、微结构和谱学特征。研究表明，材料的制备方法对其形貌、结构、性质等有很大影响。制备纳米粒子的方法有很多，主要分为物理法和化学法。前者是较早研究的一种方法。1963年，Ryozi Uyeda等用气体蒸发（冷凝）法获得了较纯的超细微粒，并对单个金属微粒的形貌和晶体结构进行了电镜和电子衍射研究。1983年，Gleiter等用同样的方法制备了纳米 TiO_2。化学法制备纳米材料需要解决的主要问题在于如何控制纳米粒子的液相成核及长大过程。为了减少粒子的团聚、控制产物的形貌，一般会在溶液中加入添加剂或者使用模板。这些添加剂的作用是作为亲液保护层、降低界面能、增大界面电荷密度等。这些作用都是依靠这些添加剂在反应粒子上发生的吸附作用完成的。

近年来，对纳米材料形貌（如纳米线、纳米片、纳米管等）的调控已经成为一个新的研究课题。如果能够按照需求来合成特殊结构的纳米材料，则将是纳米材料合成技术的一个突破。在制备一些特殊结构的纳米材料时，表面活性剂使用得非常广泛。表面活性剂的特性在于可以定向排列形成模板效应，引导纳米粒子进行自组装等。[98]但应用表面活性剂并不一定能获得所想要的纳米材料，表面活性剂在纳米材料制备过程中主要被用作稳定剂和分散剂，作为模板剂还在摸索，而且它的去除问题也会使得制备过程变得复杂。因此，采用无机盐离子对纳米材料的形貌进行调控，是一项具有极大研究和应用价值的课题。

对于纳米材料，复杂的三维结构有很多一维结构所不及的功能。[99-100]如何制备三维结构的纳米材料，或者将一维纳米材料组装成复杂的二维或三维，以实现材料更加优异的性能，是一个值得研究的课题。[101-102]本章中我们选取无机盐作为诱导剂，采用水热法制备了网格结构的 $WO_3 \cdot 0.33H_2O$ 纳米材料；利用不同的无机盐，合成了不同结构的 $WO_3 \cdot 0.33H_2O$ 纳米材料；通过分析无机盐离子与产物形貌之间的关系，对无机盐诱导生成 $WO_3 \cdot 0.33H_2O$ 形貌的机理提出了假设。

2.1　三维 $WO_3 \cdot 0.33H_2O$ 网格结构的诱导合成

2.1.1　实验过程

使用 $CaCl_2$ 诱导水热合成 $WO_3 \cdot 0.33H_2O$ 的实验流程如图 2.1 所示。

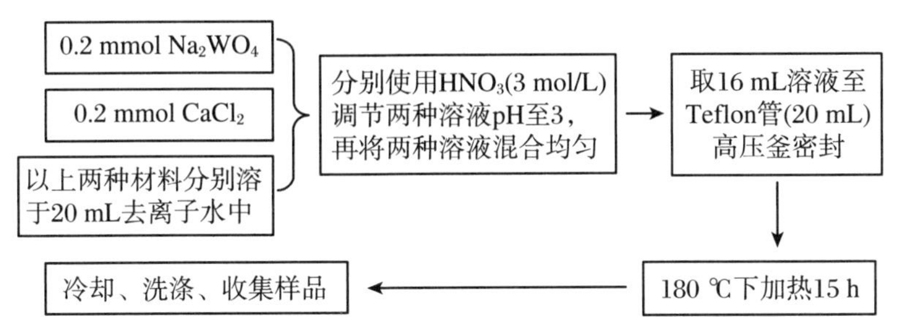

图 2.1　使用 $CaCl_2$ 诱导水热合成 $WO_3 \cdot 0.33H_2O$ 的流程图

具体制备过程如下：首先，称取 0.2 mmol 的 Na_2WO_4 和 0.2 mmol 的 $CaCl_2$，分别将它们溶于 20 mL 去离子水中。然后，在两溶液中分别滴入硝酸，使得溶液的 pH 为 3，再将两溶液倒在一起，混合均匀。接着，取 16 mL 倒入 Teflon 管中（溶液量达到 Teflon 管容量的 80% 即可），将高压釜密封。再接着，将其移到 180 ℃的马弗炉中加热 15 h。最后，取出高压釜使其冷却，将产物用去离子水清洗数遍后，烘干并收集制备得到的粉末。

2.1.2　样品表征

1. XRD 表征

采用 X 射线衍射（XRD）技术来研究所制备得到的样品的物相和形貌。所采用的 X 射线衍射仪为北京大学仪器厂 BDX3200 型。测试条件如下：铜靶，滤波 Ni，管压为 36 kV，管流为 20 mA，发散狭缝（DS）、接收狭缝（RS）和防散射狭缝（SS）分别为 1°、0.16 mm 和 1°，扫描速度为 4°/min，采样步宽为 0.01°，2θ 角扫描范围是 10°～60°。

图 2.2 为样品的 XRD 测试结果。由图可以看出，样品结晶度良好，图谱与标准卡片（JCPDS：35-0270）相符，证实了产物为正交晶系的 $WO_3 \cdot 0.33H_2O$（晶格常数：$a = 7.359$ Å，$c = 7.704$ Å）。图谱中没有杂峰，表明样品纯度很高。

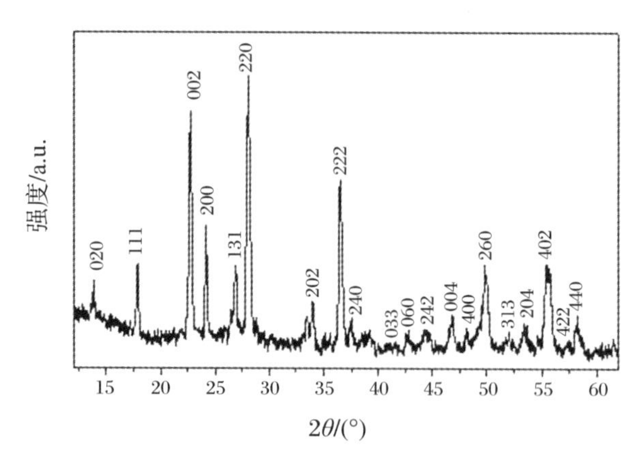

图 2.2　在 $CaCl_2$ 诱导下合成的 $WO_3 \cdot 0.33H_2O$ 的 XRD 图谱

2. SEM 表征

样品尺寸和形貌使用扫描电子显微镜(scanning electron microscopy,SEM)表征。所使用的扫描电子显微镜的型号为 TESCAN VEGAII LMU,工作电压为 20 kV。

从图 2.3 可以看出,$WO_3 \cdot 0.33H_2O$ 网格呈球状,半径大约为 5 μm。许多宽约为 800 nm 的纳米片,从各个方向插在一起形成了网格结构。

图 2.3　在 $CaCl_2$ 诱导下合成的 $WO_3 \cdot 0.33H_2O$ 的 SEM 图及其放大的单个网格结构图

(a) SEM 图；(b) 放大的单个网格结构图

3. TEM 表征

用透射电子显微镜(transmission electron microscopy,TEM)对 $WO_3 \cdot 0.33H_2O$ 的单个网格结构进行表征。所使用的透射电子显微镜的型号为 TECNAI 20，品牌是 Philips,工作电压为 200 kV。选区电子衍射(selected area electron diffraction,SAED)用 TECNAI 20 高分辨电子显微镜在 200 kV 的工作电压下测得。

图 2.4(a)是单个 $WO_3 \cdot 0.33H_2O$ 网格的 TEM 图。将样品超声后,网格结构

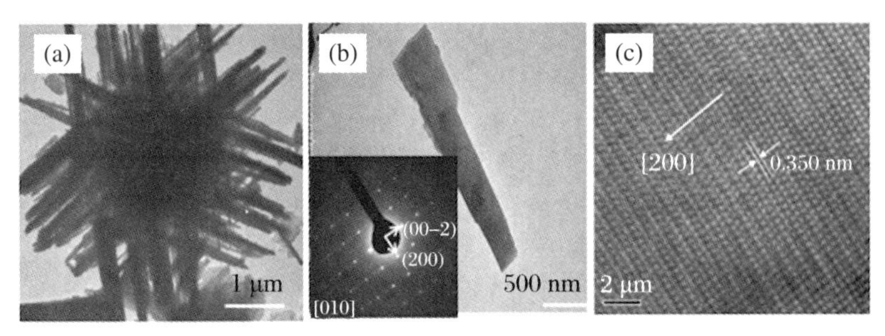

图 2.4　$WO_3 \cdot 0.33H_2O$ 网格结构的 TEM 表征

(a)和(b) TEM 图(插图为 SAED)；(c) HRTEM 图

破碎为一些纳米片状结构单元,如图 2.4(b)所示。从它的 SAED 图(图 2.4(b)插图)可以看出,$WO_3 \cdot 0.33H_2O$ 为单晶结构,衍射斑与图 2.2 中 XRD 的结果匹配。从样品的 HRTEM 图(图 2.4(c))可以看出,晶体表面结晶好,晶面间距为 0.360 nm,生长方向为[200]方向。

2.2　生长机理分析

2.2.1　溶液中诱导剂的离子价态对合成 $WO_3 \cdot 0.33H_2O$ 形貌的调控

1. 用 $Ca(NO_3)_2$(0.2 mmol) 或 NaCl (0.4 mmol) 代替 $CaCl_2$

(1) 实验过程

为了研究诱导剂离子价态对 $WO_3 \cdot 0.33H_2O$ 形貌的影响,我们做了以下对比实验:在不改变其他反应条件的前提下,分别用 $Ca(NO_3)_2$(0.2 mmol) 和 NaCl (0.4 mmol) 代替 $CaCl_2$,具体流程如图 2.5 所示。

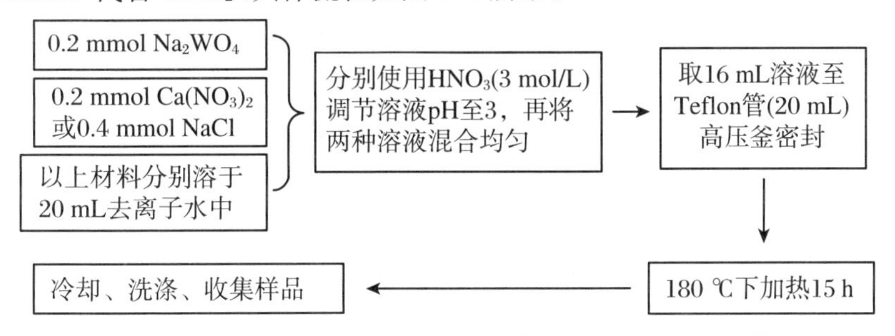

图 2.5　使用 $Ca(NO_3)_2$ 或 NaCl 诱导水热合成 $WO_3 \cdot 0.33H_2O$ 的流程图

注意这里只是用 $Ca(NO_3)_2$(0.2 mmol) 或 NaCl (0.4 mmol) 代替 $CaCl_2$,其他条件并未改变。最后制得了淡黄色的粉末。

(2) *产物表征*

① XRD 表征。从图 2.6 的 XRD 图谱可以看出,在 $Ca(NO_3)_2$诱导下得到纳米材料和在 NaCl 诱导下得到纳米材料都是纯净的 $WO_3 \cdot 0.33H_2O$,对应的卡片号都为 JCPDS: 35-0270。说明用不同的诱导剂对 $WO_3 \cdot 0.33H_2O$ 晶体的物相是没有影响的。

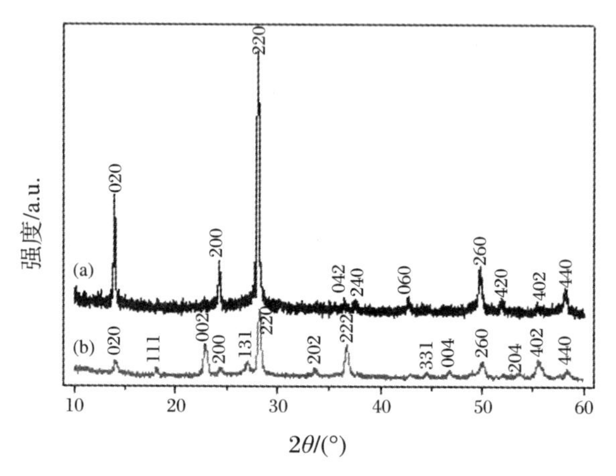

图 2.6　在 $Ca(NO_3)_2$或 NaCl 诱导下生成的 $WO_3 \cdot 0.33H_2O$ 的 XRD 图谱

(a) $Ca(NO_3)_2$; (b) NaCl

② SEM 表征。由图 2.7 可以看出,以 $Ca(NO_3)_2$作为诱导剂,我们同样得到了网格结构的 $WO_3 \cdot 0.33H_2O$,而用 NaCl 作为诱导剂,则得到了微球。我们还发现有 Ca^{2+} 存在时,就能合成得到三维网格结构的 $WO_3 \cdot 0.33H_2O$,这表明 Ca^{2+} 在诱导合成三维网格结构的 $WO_3 \cdot 0.33H_2O$ 晶体的过程中起到了关键作用。

图 2.7　在 $Ca(NO_3)_2$或 NaCl 诱导下合成的 $WO_3 \cdot 0.33H_2O$ 的 SEM 图

(a) $Ca(NO_3)_2$; (b) NaCl

根据实验结果，可以推测 $WO_3 \cdot 0.33H_2O$ 网格结构的生长过程如下：如图 2.8 所示，在水热反应初期，由于溶液中离子浓度比较大，$WO_3 \cdot 0.33H_2O$ 迅速成核，并开始生长；Ca^{2+} 易吸附在 (010)面上，并抑制(010)面的生长；Cl^- 易吸附在垂直于(010)面的(001)面或者(100)面上，同时也会抑制这些面的生长；最后，由于 Cl^- 的吸附能力小于 Ca^{2+}，所以晶体整体沿着[100]方向生长，无数个晶核聚集在一起并最终长成网格结构。

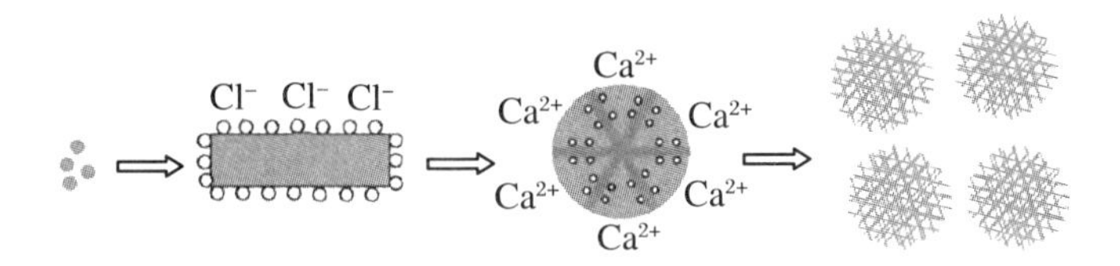

图 2.8　$WO_3 \cdot 0.33H_2O$ 网格结构的生长示意图

2. 用 0.8 mmol 的 Na_2SO_4 代替 $CaCl_2$

(1) 实验过程

这里只是用 Na_2SO_4(0.8 mmol)代替 $CaCl_2$，其他条件并未改变，具体流程如图 2.9 所示。

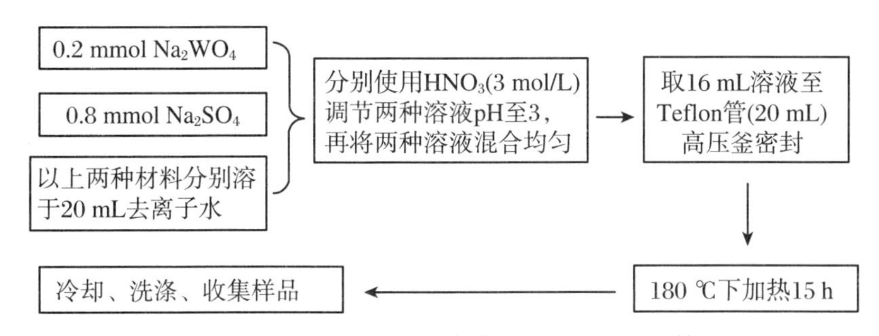

图 2.9　使用 Na_2SO_4 诱导水热合成 $WO_3 \cdot 0.33H_2O$ 的流程图

(2) 产物表征

① XRD 表征。从图 2.10 可以看出，得到的材料结晶度好，对应卡片号为 JCPDS: 35-0270，说明产物依然为正交晶系的 $WO_3 \cdot 0.33H_2O$。

② SEM 表征。图 2.11 为在 Na_2SO_4 诱导下合成的 $WO_3 \cdot 0.33H_2O$ 的 SEM 和 TEM 图。从图中可以看出，$WO_3 \cdot 0.33H_2O$ 晶体是长度为 10 μm 左右的纳米线，从 TEM 图可以看出，纳米线为单晶，且生长沿着[002]方向。

根据实验结果，我们可以推测 $WO_3 \cdot 0.33H_2O$ 纳米线的生长过程如下：在水热反应初期，由于溶液中离子浓度以及酸度比较大，钨酸钠生成钨酸并分解为 $WO_3 \cdot 0.33H_2O$ 晶核，晶核开始生长；SO_4^{2-} 聚集吸附在(010)晶面上，并抑制此面的生长；Na^+ 吸附在垂直于(010)晶面的(001)面上；由于 SO_4^{2-} 对晶面的吸附能力强于 Na^+，所以 $WO_3 \cdot 0.33H_2O$ 晶核沿着[001]的方向不断聚集，最后生长成纳米线或纳米棒，如图 2.12 所示。

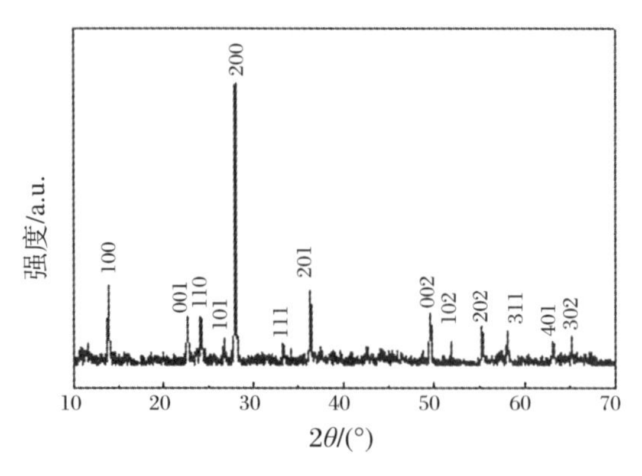

图 2.10 在 Na_2SO_4 诱导下合成的 $WO_3 \cdot 0.33H_2O$ 纳米线的 XRD 图谱

图 2.11 在 Na_2SO_4 诱导下合成的 $WO_3 \cdot 0.33H_2O$ 纳米线的 SEM 图及 TEM 图

(a) SEM 图；(b) TEM 图

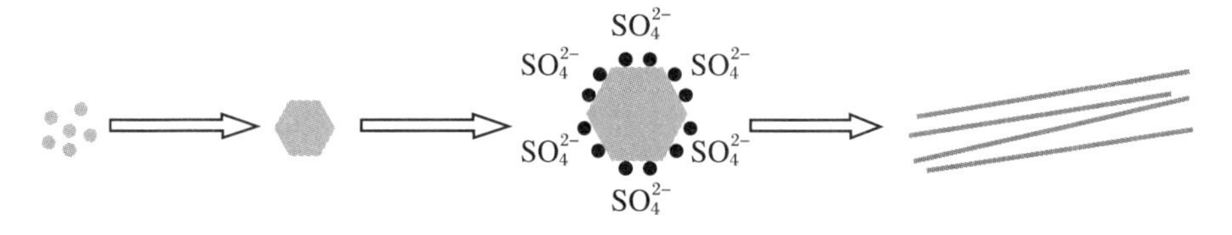

图 2.12 $WO_3 \cdot 0.33H_2O$ 纳米线的生长过程示意图

3. 用 0.2 mmol $Ti(SO_4)_2$ 代替 $CaCl_2$

(1) 实验过程

用 0.2 mmol $Ti(SO_4)_2$ 代替 $CaCl_2$ 作为诱导剂，研究它对合成的 $WO_3 \cdot 0.33H_2O$ 形貌的影响，具体流程如图 2.13 所示。

(2) 产物表征

① XRD 表征。图 2.14 为样品的 XRD 图谱，由图可以看出，产物为纯净的 $WO_3 \cdot 0.33H_2O$。

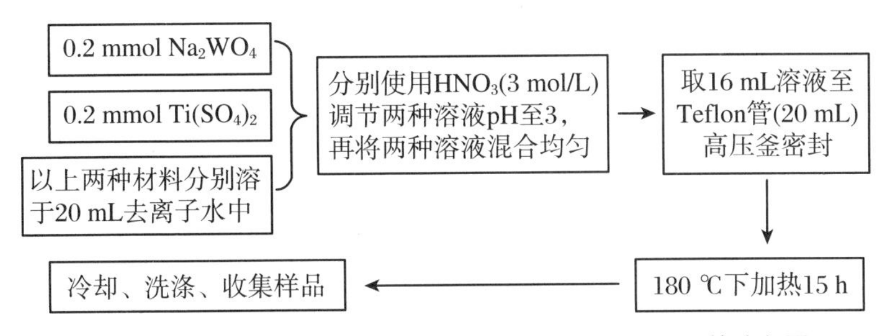

图 2.13　使用 $Ti(SO_4)_2$ 诱导水热合成 $WO_3 \cdot 0.33H_2O$ 的流程图

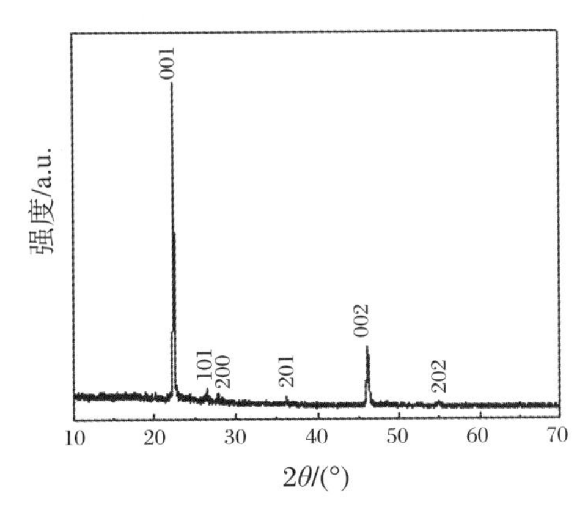

图 2.14　在 $Ti(SO_4)_2$ 诱导下合成的 $WO_3 \cdot 0.33H_2O$ 的 XRD 图谱

从图 2.14 的 XRD 图谱中还可以看出，虽然该衍射峰与前面合成得到的 $WO_3 \cdot 0.33H_2O$ 晶体并不完全一致，但对应的依然是卡片号 JCPDS：35-0270。说明在 $Ti(SO_4)_2$ 诱导下合成的材料依然为 $WO_3 \cdot 0.33H_2O$ 晶体。

② SEM 表征。从图 2.15 可以看出，在 $Ti(SO_4)_2$ 诱导下合成的 $WO_3 \cdot 0.33H_2O$ 晶体为直径约为 3 μm 的薄片。EDS 能谱显示只有 W、O 两种元素（H 元素量太少，未能在能谱上显示出来。Si 元素来自于衬底）。

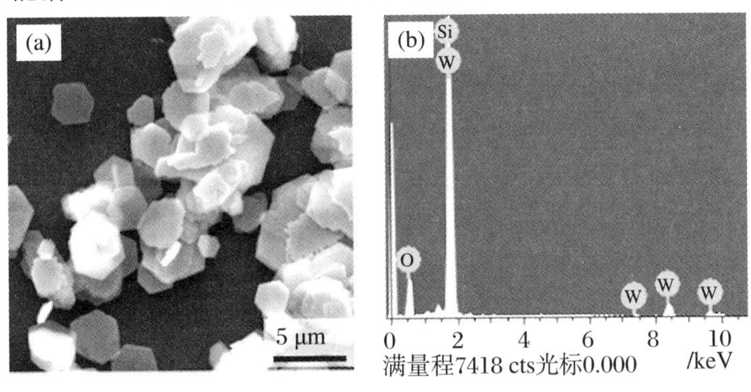

图 2.15　在 $Ti(SO_4)_2$ 诱导下合成的薄片的 $WO_3 \cdot 0.33H_2O$ SEM 图及其 EDS 能谱

(a) SEM 图；(b) EDS 能谱

$Ti(SO_4)_2$在溶液中分解为硫酸和氢氧化钛，这本来就是一个酸性环境，所以滴加很少的硝酸溶液 pH 就能达到 3。基于实验结果，我们可以推测 $WO_3 \cdot 0.33H_2O$ 纳米片的生长过程如下：$Ti(SO_4)_2$中的 Ti^{4+} 吸附在(001)面上，会抑制该面的生长，最终形成六方形状的纳米片，如图 2.16 所示。类似的情况，在合成 $CaCO_3$的过程中，如果加入诱盐离子 Li^+，那么它会吸附在 $CaCO_3$的一个晶面如(001)面上，$CaCO_3$晶体就会由三维的六面体向二维的板状结构转变。[60]

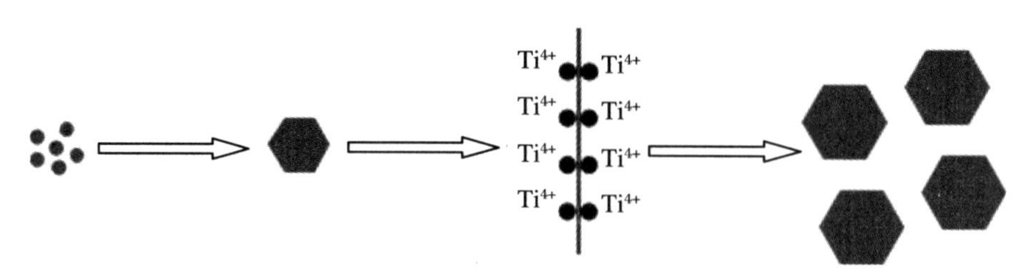

图 2.16 $WO_3 \cdot 0.33H_2O$ 薄片的生长过程示意图

通过上面的实验，我们可以写出不同的诱导剂存在下，水热法制备 $WO_3 \cdot 0.33H_2O$ 晶体的化学方程式：

$$Na_2WO_4 + 2HNO_3 + nH_2O \longrightarrow H_2WO_4 \cdot nH_2O + 2NaNO_3, \quad n = 0.33$$

$$H_2WO_4 \cdot nH_2O \xrightarrow[\text{诱导剂}]{\text{水热反应}} WO_3 + (n+1)H_2O$$

$WO_3 \cdot 0.33H_2O$ 晶体是由前驱物 H_2WO_4分解得到的，而 Na_2WO_4溶于水中后溶液是偏碱性的，无法得到 H_2WO_4，所以硝酸在制备过程中的作用非常大。如果在反应过程中没有 HNO_3，产物将会是 $CaWO_4$($CaCl_2$为诱导剂的前提下)。但是过量的硝酸将会导致反应初期晶核无选择性地快速聚集，以降低晶粒的表面能，从而导致产物形貌不均匀。所以在合成过程中，适量的硝酸是非常重要的。

基于以上的实验，我们对无机盐诱导合成 $WO_3 \cdot 0.33H_2O$ 的机理提出以下假设：

① 无机盐离子在制备过程起到调控产物形貌的作用，它并不参加任何反应。首先阳离子会选择性地吸附到晶核的某一个晶面上，而阴离子会吸附到垂直于这个晶面的其他晶面上，它们都会抑制这些晶面的生长。

② 离子的价态越高，电荷量越高，离子在晶面上的吸附能力越强，因此抑制该面生长的作用越强，对产物形貌的调控占主导作用。最终通过阴离子和阳离子对晶面的共同作用导致产物最终形貌的形成。

2.2.2 溶液中诱导剂的离子半径对合成 $WO_3 \cdot 0.33H_2O$ 形貌的调控

为了研究诱导剂的离子半径对合成的 $WO_3 \cdot 0.33H_2O$ 形貌的影响，我们用

$BaCl_2$(0.2 mmol)或 $SrCl_2$(0.2 mmol) 来代替 $CaCl_2$,其他实验条件不变,具体流程如图2.17所示。

1. 实验过程

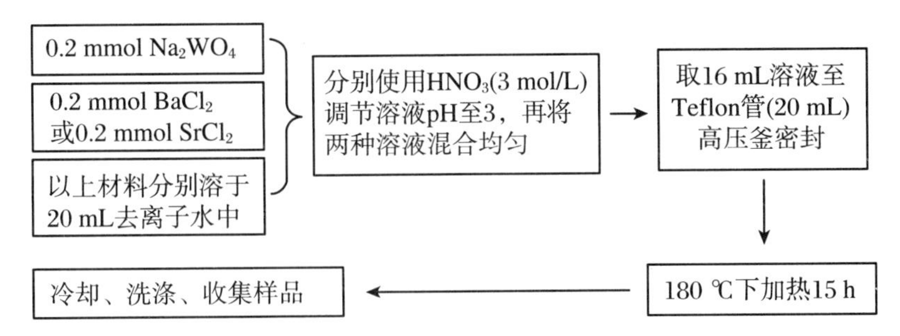

图2.17 使用 $BaCl_2$ 或 $SrCl_2$ 诱导水热合成 $WO_3 \cdot 0.33H_2O$ 的流程图

2. 产物表征

(1) XRD 表征

从图2.18可以看出,以 $BaCl_2$ 或 $SrCl_2$ 为诱导剂,合成的产物结晶度好,对应卡片号为JSCD:35-0270,依然为正交晶系的 $WO_3 \cdot 0.33H_2O$ 晶体。

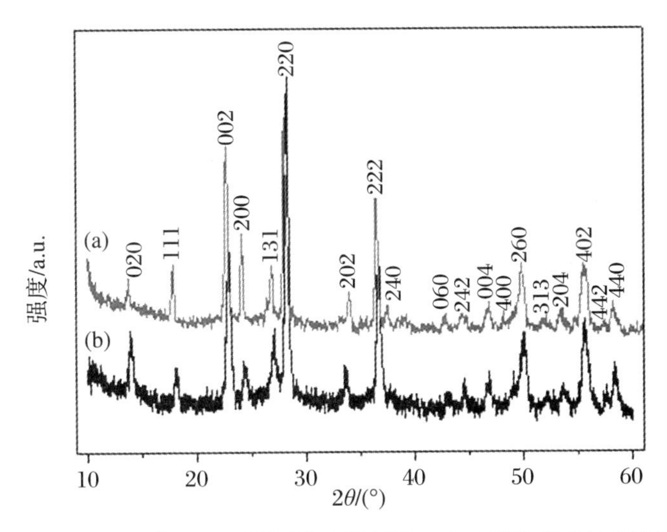

图2.18 在 $BaCl_2$ 或 $SrCl_2$ 诱导下合成的 $WO_3 \cdot 0.33H_2O$ 样品的 XRD 图谱

(a) $BaCl_2$;(b) $SrCl_2$

(2) SEM 表征

图2.19为在 $BaCl_2$ 或 $SrCl_2$ 诱导下合成的 $WO_3 \cdot 0.33H_2O$ 的SEM图。以 $BaCl_2$ 为诱导剂合成的产物为梭状的 $WO_3 \cdot 0.33H_2O$ 晶体,在 $SrCl_2$ 诱导下合成的 $WO_3 \cdot 0.33H_2O$ 为大小不均匀的、3~6 μm 不规则的立体结构。

上述实验现象可解释如下:$BaCl_2$、$SrCl_2$、$CaCl_2$ 为相同离子价态的金属盐,阳

图 2.19　在 $BaCl_2$ 或 $SrCl_2$ 诱导下合成的 $WO_3 \cdot 0.33H_2O$ 的 SEM 图

(a) $BaCl_2$；(b) $SrCl_2$

离子半径大小关系为 $Ca^{2+} < Sr^{2+} < Ba^{2+}$。$Ca^{2+}$ 的半径最小，Sr^{2+} 及 Ba^{2+} 离子半径较大，半径较大的离子在溶液体系中运动受到的阻力会更大，对晶面的吸附能力也相对较弱，因此对产物形貌的调控作用不明显。

2.2.3　前驱物中 W 源与诱导剂比例对产物形貌的影响

为了研究前驱物中 W 源与诱导剂比例对产物形貌的影响，我们改变 Na_2WO_4 与 $CaCl_2$ 的物质的量之比，而保持其他条件不变。

1. 实验过程

将 Na_2WO_4 与 $CaCl_2$ 的物质的量之比（即 W 与 Ca 的物质的量之比）记作 $n_W : n_{Ca}$，通过改变这一比值，研究 W 源与诱导剂的比例对产物形貌的影响。本实验中 W 与 Ca 的物质的量之比分别为 1∶1、1.5∶1、2∶1、2.5∶1。

2. 产物表征

(1) XRD 表征

从图 2.20 可以看出，其他反应条件相同，不同比例的条件下都可以合成得到 $WO_3 \cdot 0.33H_2O$ 晶体。多余的 W 源或者诱导剂在产物洗涤的过程中可以被除去。

(2) SEM 表征

图 2.21 为 180 ℃下 15 h，不同比例的 Na_2WO_4 和 $CaCl_2$ 水热合成的 $WO_3 \cdot 0.33H_2O$ 晶体的 SEM 图。从图 2.21 可以看出，当 $n_W : n_{Ca}$ 为 1∶1 时（图 2.21(a)），产物为均匀的网格形貌。当 $n_W : n_{Ca}$ 为 1.5∶1 时，产物形貌的规则度下降（图 2.21(b)）。当 $n_W : n_{Ca}$ 为 2∶1 的，网格结构变得松散，且产物的尺寸变小（图 2.21(c)）。当 $n_W : n_{Ca}$ 为 2.5∶1 时，没有形成网格结构，样品中出现一些规则的颗粒（图 2.21(d)）。

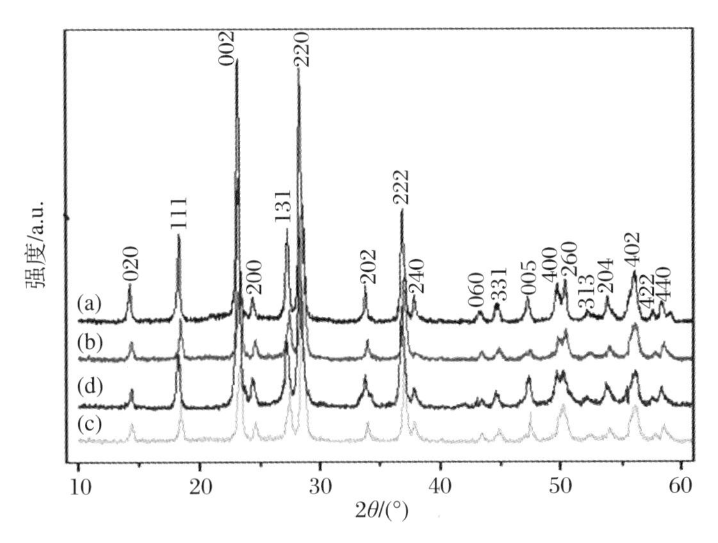

图 2.20　在不同比例下合成得到的 $WO_3 \cdot 0.33H_2O$ 的 XRD 图谱

(a) 1∶1；(b) 1.5∶1；(c) 2∶1；(d) 2.5∶1

图 2.21　在不同比例下合成得到的 $WO_3 \cdot 0.33H_2O$ 的 SEM 图

(a) 1∶1；(b) 1.5∶1；(c) 2∶1；(d) 2.5∶1

以上现象可以解释如下：W 源浓度增大，而 $CaCl_2$ 的相对浓度不变，说明溶液中调控盐离子的浓度不够，附着在 $WO_3 \cdot 0.33H_2O$ 晶核的晶面上盐离子变少，对晶体生长的调控作用变弱。随着 W 源的增多，$WO_3 \cdot 0.33H_2O$ 成核的速率变快，框架结构变得稀松，最终导致生成了不规则的颗粒。

2.2.4 反应时间对产物形貌的影响

1. 实验过程

为了研究反应时间对产物形貌的影响，我们对不同反应时间得到的产物进行了分析。体系反应时间分别为 3 h、6 h、15 h、20 h。

2. SEM 表征

图 2.22 为 Na_2WO_4 和 $CaCl_2$ 在 180 ℃下，pH 为 3，不同反应时间的条件下水热合成的 $WO_3 \cdot 0.33H_2O$ 晶体的 SEM 图。可以看出，反应初期 3 h(图 2.22(a))，晶核不断聚集以降低表面能。第二阶段是晶核再溶解与结晶的过程，由图 2.22(b)可以看出，这一过程晶核有序排列，Ca^{2+} 吸附在晶体的(010)面上，Cl^- 吸附在垂直于(010)面的其他晶面上。随着时间的延长，在 Ca^{2+} 和 Cl^- 共同作用下，最终反应生成网格结构的 $WO_3 \cdot 0.33H_2O$ 晶体(图 2.22(c))。当反应 20 h 后(图 2.22(d))，样品形貌的规则度下降，样品有向绒球发展的趋势。

图 2.22 在 $CaCl_2$ 诱导下不同反应时间合成的产物 SEM 图

(a) 3 h; (b) 6 h; (c) 15 h; (d) 20 h

本章小结

至此，我们通过无机盐诱导水热合成了 $WO_3 \cdot 0.33H_2O$ 纳米材料。诱导剂只是起到调控产物形貌的作用，对产物的物相和组分没有影响。通过对诱导剂离子价态、离子半径、反应物浓度比例、反应时间的研究，得到了合成 $WO_3 \cdot 0.33H_2O$ 网络结构的最佳条件以及合成其他形貌的产物的调控条件。通过对产物的生长机理进行分析，我们推测了无机盐离子对产物形貌的影响规律：

(1) 无机盐离子中阳离子会选择性地吸附到晶核的某一个晶面上，而阴离子会吸附到垂直于这个晶面的其他晶面上，它们都会抑制这些晶面的生长。

(2) 离子的价态越高，电荷量越高，离子在晶面上的吸附能力越强，因此抑制该晶面生长的作用越强，对产物形貌的调控占主导作用。

(3) 离子半径。离子半径越大，其在溶液体系中运动受到的阻力越大，因此吸附作用相对较弱，抑制晶面生长的能力降低。

最终，无机盐中的阴离子和阳离子对晶面的共同作用导致产物的形貌的形成。当然，合适的前驱物比例和反应时间的控制也非常重要。

在同样的条件下，无机盐离子的调控显得非常重要。若体系中只用一种无机盐，对溶液的 pH 进行调控也能得到形貌各异的 $WO_3 \cdot 0.33H_2O$ 材料。下一章中，我们将详细介绍 pH 的变化对 $WO_3 \cdot 0.33H_2O$ 晶体形貌的影响。

第3章　立体 $WO_3 \cdot 0.33H_2O$ 网格光催化活性研究

随着社会经济的发展，空气与水的污染都相当严重。室内装潢涂料油漆用量的增加、汽车工业尾气的排放等，使得室内室外空气都很糟糕；染料等工业废水的排放，导致水源破坏。环境净化问题已经成为整个世界最值得研究的课题，因为它是人类生存之本。环境污染极大地威胁着人类的健康。传统去除水中染料污染物的方法主要有活性炭吸附法、微生物降解法、氧化法等，但这些方法操作效率低、成本高、存在二次污染，解决实际问题的效果并不显著。纳米技术的发展和应用使得这一难题有望得到彻底解决。纳米材料处理污染物的优势在于它的粒径小、比表面积大、光吸收率高等，纳米技术被逐渐应用于解决环境问题，并取得了很好的效果。其中纳米催化剂、纳米吸附剂和纳米抗菌剂等纳米材料被广泛用于空气和水污染的处理，为环境的净化处理提供了新的选择。

WO_3 是一种典型的n型半导体材料[103]，因其独特的化学和物理性质而在智能窗[104]、太阳能器件[105]、变色器件[106]、光电化学器件[107]、传感器[108]等方面有着广泛的应用。传统治理污水性能优异的材料是 TiO_2[109]，TiO_2 的带隙为3.2 eV，$WO_3 \cdot 0.33H_2O$ 的带隙接近 TiO_2，其成为了继 TiO_2 之后研究比较多的半导体催化材料，具有诱人的应用前景。我们知道，催化剂的晶型、形貌等物化性质会对催化性能有很大的影响。WO_3 的晶型较多，形貌复杂多样，已报道的有纳米线、纳米管、纳米球、纳米盘、纳米纤维、纳米片等。[110-112] WO_3 的制备方法也有很多，其中水热法因产物分散度高、粒径均匀、设备简单、形貌可控、制备成本低等优点成为受欢迎的合成方法。

本章首先通过调控溶液的pH，制备了不同形貌的 $WO_3 \cdot 0.33H_2O$ 纳米晶体，其次测试了网格这种特殊结构的 $WO_3 \cdot 0.33H_2O$ 晶体对亚甲基蓝染料的光催化活性。为了比较，同时也测试了片状结构的 $WO_3 \cdot 0.33H_2O$ 晶体对亚甲基蓝的光催化性能。

3.1　$WO_3 \cdot 0.33H_2O$ 晶体的制备和表征

3.1.1　$CaCl_2$ 诱导下对溶液 pH 的调控合成 $WO_3 \cdot 0.33H_2O$ 纳米晶体

1. 实验过程

(1) 反应试剂

氯化钙($CaCl_2$)	分析纯	重庆医药化学试剂仓
硝酸(HNO_3)	分析纯	重庆医药化学试剂仓
钨酸钠(Na_2WO_4)	分析纯	重庆医药化学试剂仓

(2) 实验步骤

① 将0.2 mmol的 Na_2WO_4 和0.2 mmol的 $CaCl_2$ 分别溶于20 mL的去离子水中，往两溶液中滴加 HNO_3 至pH为2～3.3。

② 将两溶液混合均匀，取16 mL倒入Teflon中，将高压釜密封后放入180 ℃的马弗炉中。

③ 加热15 h后，取出高压釜，冷却至室温。

④ 将产物用去离子或酒精洗涤多次，烘干并收集制得的淡黄色粉末。

2. 样品的表征

(1) SEM表征

诱导剂为 $CaCl_2$，其他反应条件不变，在不同的pH下合成的 $WO_3 \cdot 0.33H_2O$ 晶体的形貌如图3.1所示。当 $pH<2.5$ 的时候，产物为不规则的纳米颗粒；当 $2.5<pH<3$ 时，生成大量均匀的、半径为1.5 μm的纳米椭球，随着pH的增加，椭球变大且有形成网格结构的趋势；当pH ～ 3.3时，形成了均匀的网格结构。图3.1(d)为单个网格放大的SEM图，$WO_3 \cdot 0.33H_2O$ 网格的半径为5 μm左右，许多纳米片从各个方向聚集到网格的中心，形成球状。图3.2为不同pH调控下 $WO_3 \cdot 0.33H_2O$ 纳米网格的生长示意图。

(2) TEM表征

$WO_3 \cdot 0.33H_2O$ 网格结构的TEM表征结果如图3.3所示。

图 3.1　诱导剂为 $CaCl_2$ 时，在不同的 pH 下合成的 $WO_3 \cdot 0.33H_2O$ 晶体的 SEM 图

(a) pH<2.5；(b) 2.5<pH<3；(c) pH ～ 3.3；(d) 单个网格的放大图

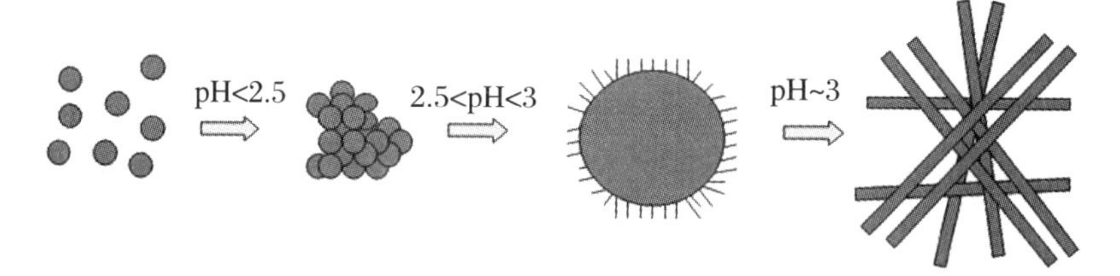

图 3.2　不同 pH 调控下 $WO_3 \cdot 0.33H_2O$ 纳米网格的生长示意图

图 3.3　单个 $WO_3 \cdot 0.33H_2O$ 网格的 TEM 图及 HRTEM 图

3.1.2　Na_2SO_4 诱导下对溶液 pH 的调控合成 $WO_3 \cdot 0.33H_2O$ 纳米晶体

1. 实验过程

(1) 反应试剂

硫酸钠(Na_2SO_4)	分析纯	重庆医药化学试剂仓
硝酸(HNO_3)	分析纯	重庆医药化学试剂仓
钨酸钠(Na_2WO_4)	分析纯	重庆医药化学试剂仓

(2) 实验步骤

① 0.2 mmol Na_2WO_4 和 0.8 mmol Na_2SO_4 分别溶于 20 mL 的去离子水中，往两溶液中滴加 HNO_3 至 pH 为 1.2～3。

② 将两溶液混合均匀，取 16 mL 倒入 Teflon 中，将高压釜密封后放入 180 ℃ 的马弗炉中。

③ 加热 15 h 后，取出高压釜，冷却至室温。

④ 将产物用去离子或酒精洗涤多次，烘干并收集制得的淡黄色粉末。

2. 样品表征

(1) SEM 表征

为当诱导剂为 Na_2SO_4 时，在不同的 pH 下合成的 $WO_3 \cdot 0.33H_2O$ 晶体的形貌如图 3.4 所示。当 pH>3 的时候，没有生成产物；当 2.2<pH<3 时，可以生成

图 3.4　诱导剂为 Na_2SO_4 时，在不同的 pH 下合成的 $WO_3 \cdot 0.33H_2O$ 晶体的 SEM 图

(a) 2.2<pH<3；(b) 1.4<pH<1.8；(c) pH ～1.3；(d) pH<1.2

大量长度为 10 μm 左右的纳米线，如图 3.4(a)所示；当 pH 继续降低，小于 1.8 时，如图 3.4(b)所示，一部分纳米线捆绑在一起，形成线捆状结构；当 pH 减小到 1.3 的时候，形成了均匀的片状结构，如图 3.4(c)；最后，当 pH<1.2 时，生成了大量不规则的颗粒，如图 3.4(d)所示。图 3.5 为不同 pH 调控下 $WO_3 \cdot 0.33H_2O$ 纳米片的生长示意图。

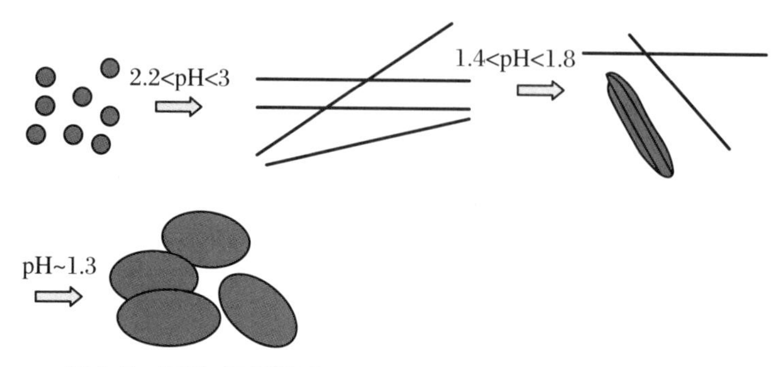

图 3.5　不同 pH 调控下 $WO_3 \cdot 0.33H_2O$ 纳米片的生长示意图

(2) $WO_3 \cdot 0.33H_2O$ 纳米片的 SEM 和 TEM 表征

图 3.6 为当 pH=1.3 时，生成的 $WO_3 \cdot 0.33H_2O$ 纳米片的 SEM 和 TEM 图。从图 3.6(a)可以看出，样品为形貌均匀的二维薄片，半径约为 5 μm；由图 3.6(b)可以观察到，薄片的厚度约为 300 nm；图 3.6(d)显示出 $WO_3 \cdot 0.33H_2O$ 纳米片的一些细节：边缘由许多垂直生长的纳米棒组装而成，图 3.6(d)的插图显示边缘被许多纳米棒覆盖。图 3.6(c)为 $WO_3 \cdot 0.33H_2O$ 纳米片的 FESEM 图。

图 3.6　$WO_3 \cdot 0.33H_2O$ 纳米片的 SEM 和 TEM 图

(a) 低放大倍数下 $WO_3 \cdot 0.33H_2O$ 纳米片的 SEM 图；(b)高放大倍数下 $WO_3 \cdot 0.33H_2O$ 纳米片的 SEM 图；(c) $WO_3 \cdot 0.33H_2O$ 纳米片的 FESEM 图；(d) $WO_3 \cdot 0.33H_2O$ 纳米片局部的 TEM 图

(3) XRD 表征

由图3.7可以看出，在 Na_2SO_4 诱导下，通过调控溶液 pH 得到的纳米线和纳米片，结晶度很好，对应卡片号为 JCPDS：35-0270，为正交晶系的 $WO_3 \cdot 0.33H_2O$。

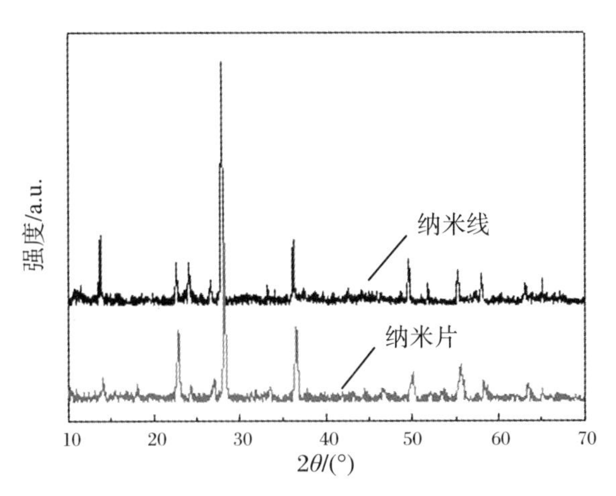

图3.7　在 2<pH<3 时合成的 $WO_3 \cdot 0.33H_2O$ 纳米线和 pH～1.3 时合成的纳米片的 XRD 图谱

在制备 $WO_3 \cdot 0.33H_2O$ 晶体的过程中，如果溶液中不添加 HNO_3，产物将会是 $CaWO_4$（$CaCl_2$ 为诱导剂的前提下）。但是过量的硝酸将会导致反应初期晶核无选择性地快速聚集，导致产物形貌不均匀。所以在合成过程中，适量的硝酸是制备 $WO_3 \cdot 0.33H_2O$ 晶体的关键，通过控制硝酸的量，可以对产物形貌进行调控。

3.2　$WO_3 \cdot 0.33H_2O$ 网格的光催化性能

3.2.1　实验过程

① 称取 0.3 g 网格结构的 $WO_3 \cdot 0.33H_2O$（$WO_3 \cdot 0.33H_2O$ 纳米网格）粉体，放入烧杯中，加入 100 mL 10 mg/L 的亚甲基蓝溶液。

② 避光搅拌 30 min 使样品达到吸附平衡，然后在模拟太阳光源的照射下进行光催化降解实验，并每 30 min 取样一次。

③ 将所取试样离心分离，取上层清液，于亚甲基蓝的最大吸收波长 647 nm 处测定吸光度，由反应前后吸光度计算降解率。

④ 为了比较不同结构的光催化性能，称取等质量（0.3 g）纳米片状结构的

$WO_3 \cdot 0.33H_2O$（$WO_3 \cdot 0.33H_2O$ 纳米片）粉体，做相同的实验。

以降解率高低评估各条件下制得的粉体的光催化活性。降解率为

$$D = \frac{(A_0 - A_1)}{A_0} \times 100\%$$

式中，A_0为反应前的亚甲基蓝溶液的吸光度；A_1为反应后的亚甲基蓝溶液的吸光度。

3.2.2　结果与讨论

1. 实验结果

图 3.8 是 $WO_3 \cdot 0.33H_2O$ 纳米网格和纳米片降解亚甲基蓝的吸收光谱。避光搅拌 30 min 后，$WO_3 \cdot 0.33H_2O$ 纳米片的吸附能力略强于纳米网格，这可能是由纳米片的表面比较粗糙引起的。当光照 5 h 后，$WO_3 \cdot 0.33H_2O$ 纳米网格对亚甲基蓝的降解率是 70%，而纳米片的降解率为 50%，说明纳米网格的光催化活性要高于纳米片。

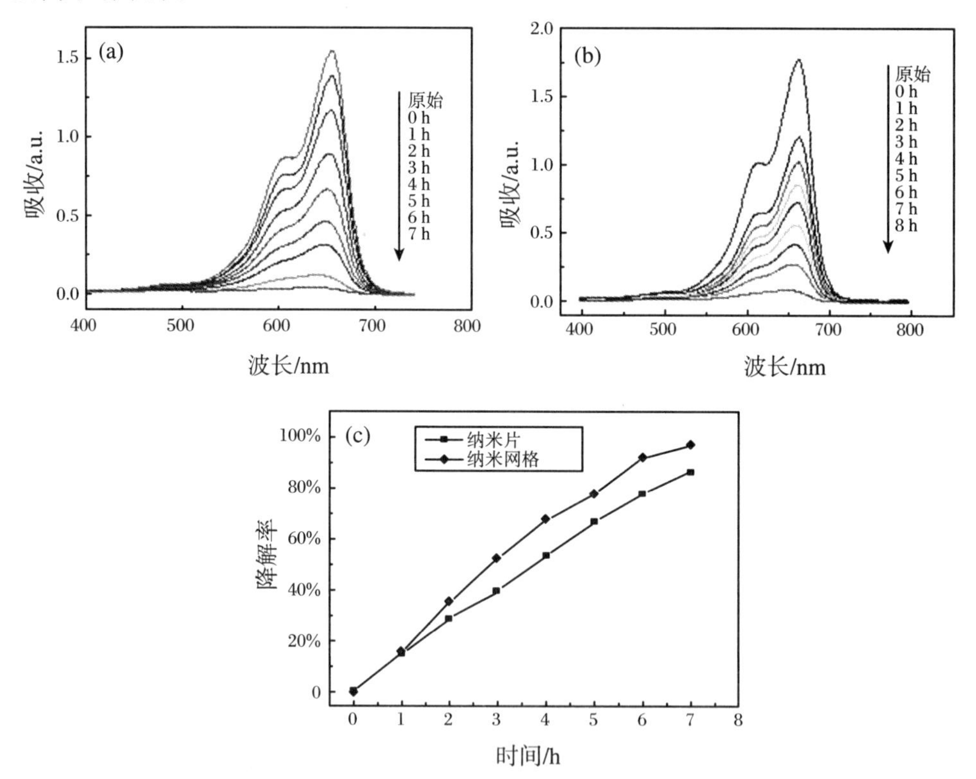

图 3.8　降解过程中亚甲基蓝的吸收光谱及降解率随时间的变化图

(a) 催化剂为 $WO_3 \cdot 0.33H_2O$ 纳米网格；(b) 催化剂为 $WO_3 \cdot 0.33H_2O$ 纳米片；(c) 降解率随时间的变化

2. 光催化机理分析

图 3.9 为 $WO_3 \cdot 0.33H_2O$ 纳米晶体的反射图谱及其相应的 K-M 函数。当太阳光照射到样品表面时，$WO_3 \cdot 0.33H_2O$ 晶体内的电子会被能量大于其带隙的光子激发，然后被催化剂表面溶解的氧分子俘获，生成高活性的超氧负离子（O_2^-）；同时，位于价带的空穴与 H_2O 反应生成羟基自由基（$\cdot OH$）。它们都具有很强的氧化性，能将染料氧化，最终达到光催化降解的目的。具体过程如下：

$$WO_3 \cdot 0.33H_2O + h\nu(E > E_g) \longrightarrow WO_3 \cdot 0.33H_2O + e^- + h^+ \quad (3.1)$$

$$h^+ + H_2O \longrightarrow \cdot OH + H^+ \quad (3.2)$$

$$h^+ + OH^- \longrightarrow \cdot OH \quad (3.3)$$

$$O_2 + e^- \longrightarrow O_2^- \quad (3.4)$$

$$2H_2O + O_2^- + e^- \longrightarrow 2 \cdot OH + 2OH^- \quad (3.5)$$

$$\cdot OH + MB \longrightarrow CO_2 + H_2O \quad (3.6)$$

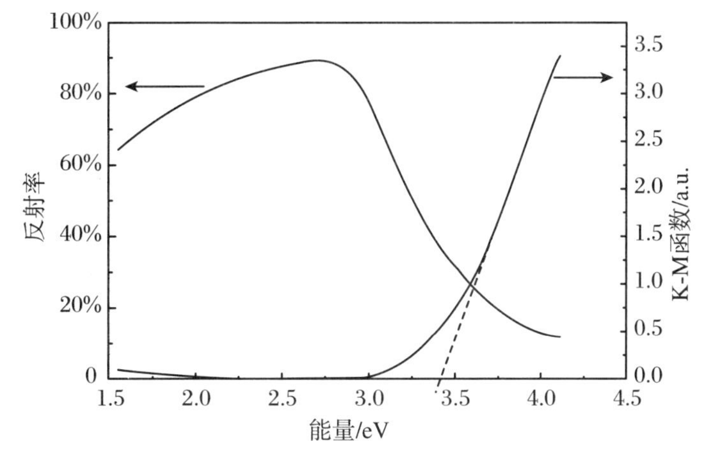

图 3.9　$WO_3 \cdot 0.33H_2O$ 纳米晶体的反射图谱及其相应的 K-M 函数

3. 影响因素

紫外光在太阳光中的占比是很小的（3%～5%），这说明了 $WO_3 \cdot 0.33H_2O$ 晶体催化效果比较好，而 $WO_3 \cdot 0.33H_2O$ 纳米网格比纳米片的催化效果更好。从表 3.1 可以看出，纳米网格的比表面积和孔径都比纳米片大，表明它与染料的接触点更多。图 3.10 显示，$WO_3 \cdot 0.33H_2O$ 纳米网格对太阳光的吸收能力更强，光吸收效率更高，从而增加了光生载流子的浓度，降解的速度也会提高。另外，$WO_3 \cdot 0.33H_2O$ 纳米网格独有的微小通道更利于溶液的流通，可以减少液封效应[113]，从而增加了溶液中染料与催化剂的反应活性点，更利于染料的降解。

表 3.1 $WO_3\cdot 0.33H_2O$ 纳米网格和纳米片的 BET 测试结果

样品	比表面积/(m^2/g)	孔径/nm	孔体积/(cm^3/g)
$WO_3\cdot 0.33H_2O$ 纳米网络	6.5	8.9	0.09
$WO_3\cdot 0.33H_2O$ 纳米片	4.2	6.1	0.05

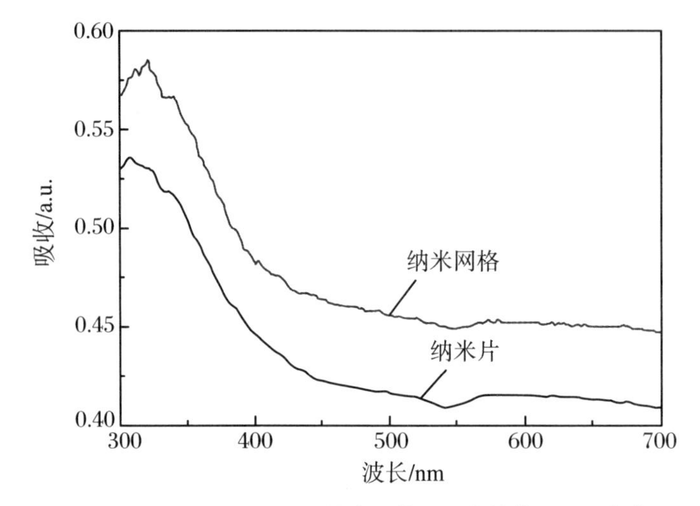

图 3.10 $WO_3\cdot 0.33H_2O$ 纳米网格和纳米片的 UV 吸收谱

测试结果表明，$WO_3\cdot 0.33H_2O$ 纳米网格比纳米片具有更好的催化性能。$WO_3\cdot 0.33H_2O$ 能吸收占太阳光 3%～5%的紫外光，具有较好的催化性能，说明 $WO_3\cdot 0.33H_2O$ 是一种有潜力的光催化降解材料。在以后的研究中，可以将 $WO_3\cdot 0.33H_2O$ 掺杂改性，增加其对太阳光的吸收范围，提高其对染料的降解能力。

本章小结

(1) 本章选取 $CaCl_2$ 和 Na_2SO_4 为诱导剂，通过调控溶液的 pH，制备了不同形貌的 $WO_3\cdot 0.33H_2O$ 纳米晶体。

(2) 选择纳米网格和纳米片两种结构的 $WO_3\cdot 0.33H_2O$ 晶体，测试了其对亚甲基蓝染料的催化性能。在 100 mW/cm^2 模拟太阳光源照射下，$WO_3\cdot 0.33H_2O$ 纳米网格具有更好的催化性能。

(3) 研究了 $WO_3\cdot 0.33H_2O$ 纳米网格的优越性。纳米网格具有更大的比表面积，对太阳光吸收能力强，独特的层状结构具有微小的通道可以减少液封效应，利于溶液的流通，从而增加溶液可催化性，更利于染料的降解。

第4章　$WO_3 \cdot 0.33H_2O$网格负载Pt的制备及电催化性质研究

随着世界人口的增多和经济的发展，有限的能源将越来越不能满足人们的需求。寻找新能源成为十分紧迫的任务。燃料电池是通过电化学反应将化学能直接转换为电能的一种装置，高效环保，是一种有效的新能源。因为甲醇和乙醇来源丰富，分子结构简单，携带方便，所以直接醇类燃料电池一直是燃料电池领域研究的热点。[113-115]虽然直接醇类燃料电池在交通工具、移动电源、便携式电子设备等领域具有广阔的应用前景[116-124]，但是商业化应用目前还受到成本高、耐久性和稳定性不高等方面的制约。Pt贵金属作为催化剂费用高，是制约产业化的一大因素。所以，提高催化剂活性和利用率，降低Pt用量成为一个关键性问题。[125]降低Pt的用量常用的方法是使用Pt的合金。这样既能降低Pt的用量又能提高催化剂的活性。M. Chen采用了Pt与Pb、Ni的三元合金，研究其对甲醇的催化氧化[126]（图4.1）。

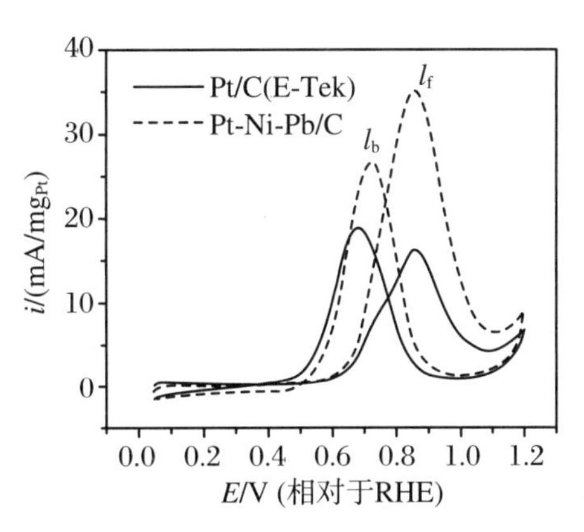

图4.1　Pt/C和Pt-Ni-Pb (5∶4∶1)/C催化剂对甲醇的催化氧化[126]

另外一种提高Pt的性能的方法是将纳米Pt分散在有效的衬底上。[127-128]许多过渡金属氧化物、碱金属氧化物及活性炭等都可以作为催化剂的衬底，而衬底对催化剂的活性有很大的影响。Lu等研究了Al_2O_3、TiO_2和硅胶负载Pt的催化剂活性，发现在Al_2O_3上的Pt催化剂比在TiO_2上的Pt催化剂活性高，这是由于TiO_2的比表面积小，而且TiO_2与Pt之间具有强相互作用，生成的含氢的钛物质会掩盖

TiO_2的活性中心。S. Y. Wang 采用比表面高且被修饰过的碳管作为 Pt 颗粒的衬底，发现 Pt 颗粒对甲醇表现出更高的催化活性。[129]图 4.2 为直径为 30 nm 的多壁碳管(MWCNT)沉积的 Pt 纳米颗粒的 TEM 图以及不同尺度的 Pt/MWCNT 纳米复合物对甲醇的催化氧化结果。[130]

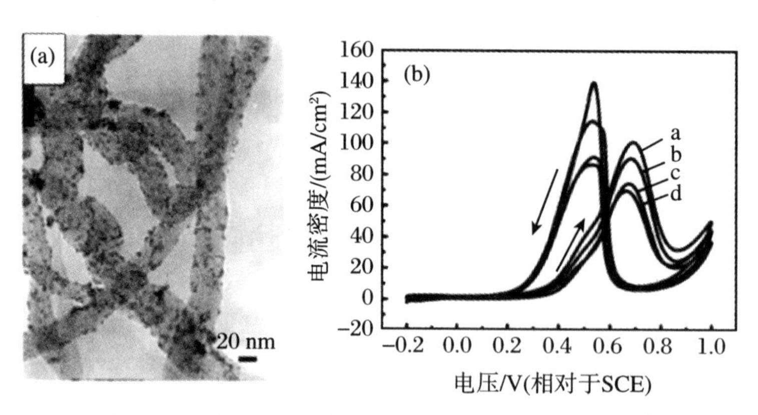

图 4.2 Pt/MWCNT 纳米复合物对甲醇的催化氧化[130]

此外，催化剂在反应过程中，CO 类中间体极易吸附在 Pt 颗粒表面，引起 Pt 中毒，导致催化活性降低。许多研究者[115,131]都报道过氧化物作为衬底的加入能够提高 Pt 的抗中毒能力和催化活性。研究表明，WO_3作为一种潜在的低成本的 Pt 载体，能够与 Pt 协同完成对甲醇、乙醇的催化作用。[132-135]在催化过程中，吸附在 Pt 表面的氢原子，能够与 WO_3反应生成 H_xWO_3，使得 Pt 表面氢原子不断地溢出，没有堆积，因此 Pt 的吸氢能力以及对甲醇、乙醇的氧化作用增强了。[136] WO_3作为衬底增强了 Pt 的抗中毒能力和催化氧化的能力，使得催化反应更加彻底和高效。$WO_3 \cdot 0.33H_2O$ 网格具有较大的比表面积，使得 Pt 颗粒能均匀分散在其表面。本章直接采用 $WO_3 \cdot 0.33H_2O$ 网格作为衬底，研究其对甲醇、乙醇的催化氧化特性。为了便于比较，同时也研究了以 $WO_3 \cdot 0.33H_2O$ 线和炭黑作为 Pt 衬底对甲醇、乙醇的催化作用。

4.1 $Pt/WO_3 \cdot 0.33H_2O$ 催化剂的制备

4.1.1 制备

所用的载体分别为 $WO_3 \cdot 0.33H_2O$ 网格、$WO_3 \cdot 0.33H_2O$ 线和炭黑。因为 $WO_3 \cdot 0.33H_2O$ 的制备在第 2 章已经具体介绍过，所以这里不再赘述。

1. 反应试剂(所有化学试剂在使用前都没有进一步纯化)

六水合氯铂酸($H_2PtCl_6 \cdot 6H_2O$)	分析纯	重庆医药化学试剂仓库
硼氢化钠($NaBH_4$)	分析纯	重庆医药化学试剂仓库

2. 合成步骤

(1) 取30 mg的$WO_3 \cdot 0.33H_2O$网格粉体和8.8 mg的$H_2PtCl_6 \cdot 6H_2O$,加入装有5 mL去离子水的小烧杯中(规格:25 mL),均匀搅拌。

(2) 将配好的0.022 mol/L的$NaBH_4$溶液缓慢滴入烧杯中。

(3) Pt被还原成小颗粒,附着在$WO_3 \cdot 0.33H_2O$网格上。用去离子水和酒精将产物清洗数遍,最后得到Pt/$WO_3 \cdot 0.33H_2O$(网格)催化剂。

3. 电极的制备

(1) 将石墨(G)打磨光滑,用银胶与铜导线连接,随后用环氧树脂封装,露出工作面积约为10 mm×10 mm。

(2) 室温下,将Pt/$WO_3 \cdot 0.33H_2O$(网格)用3.6 mL的酒精溶解,并取200 μL滴在石墨电极上。

(3) 为了避免样品在测试过程中脱落,要滴4 μL 0.5%(质量分数)的Nafion于电极表面,使其均匀成膜,并在50 ℃下烘干,最后得到Pt/$WO_3 \cdot 0.33H_2O$(网格)/G,且电极上的Pt为0.18 mg/cm^2。

为了比较Pt/$WO_3 \cdot 0.33H_2O$(网格)的催化特性,也用商业炭黑和$WO_3 \cdot 0.33H_2O$线作为衬底,制备了Pt/C和Pt/$WO_3 \cdot 0.33H_2O$(线)电极,其Pt的沉积量也为0.18 mg/cm^2。

4.1.2 Pt/$WO_3 \cdot 0.33H_2O$的表征

1. SEM表征

图4.3是没有负载Pt的$WO_3 \cdot 0.33H_2O$网格和线的SEM图,从图中可以看出,样品均匀、干净。

图4.3　$WO_3 \cdot 0.33H_2O$网格和线的SEM图

(a) $WO_3 \cdot 0.33H_2O$网格;(b) $WO_3 \cdot 0.33H_2O$线

2．FESEM 表征

图 4.4 是 Pt/WO_3 · 0.33H_2O(网格)、Pt/WO_3 · 0.33H_2O(线)和 Pt/C 催化剂的 FESEM 图。

图 4.4 Pt/WO_3 · 0.33H_2O(网格)、Pt/WO_3 · 0.33H_2O(线)和 Pt/C 的 FESEM 图

(a) Pt/WO_3 · 0.33H_2O(网格)；(b) Pt/WO_3 · 0.33H_2O(线)；(c) Pt/C

图 4.5 为 Pt/WO_3 · 0.33H_2O(网格)和 Pt/WO_3 · 0.33H_2O(线)的 TEM 图。从图 4.4 和图 4.5 可以看出，Pt 颗粒成功地沉积在了 WO_3 · 0.33H_2O 上，并且分布均匀，大小为 10～15 nm。

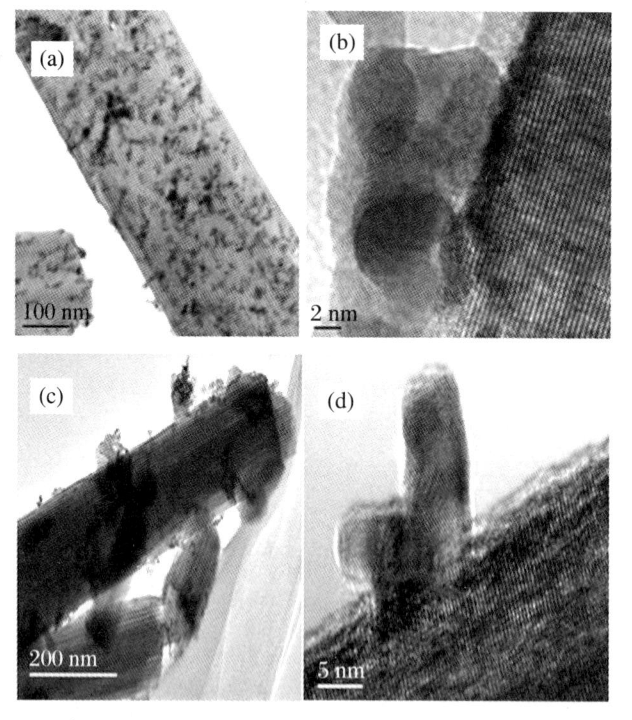

图 4.5 Pt/WO_3 · 0.33H_2O(网格)和 Pt/WO_3 · 0.33H_2O(线)的 TEM 图

Pt/WO_3 · 0.33H_2O(网格)的 (a) TEM 图和 (b) HRTEM 图；

Pt/WO_3 · 0.33H_2O(线)的 (c) TEM 图和 (d) HRTEM 图

4.2　电化学测定原理

电化学测定方法[137-138]是以体系中的电位、电流或者电量作为发生化学反应的量度而进行测定的方法。电化学测定方法具有简单易行、灵敏度高、实时性好等优点。

4.2.1　循环伏安法原理

循环伏安法(cyclic voltammetry,CV)可用于研究化合物电极过程的机理、双电层、吸附现象和电极反应动力学,是非常有用的电化学方法之一。循环伏安法的扫描电压呈等腰三角形。如果前半部分扫描(电压上升部分)为去极化剂在电极上被还原的阴极过程,则后半部分(电压下降部分)为还原产物重新被氧化的阳极过程。因此,一次三角波扫描完成一个还原过程和一个氧化过程的循环,故称为循环伏安法。如果电活性物质的可逆性差,则氧化波与还原波的高度就不相同,对称性也比较差。循环伏安法常用来测量电极的反应参数,判断反应的控制步骤和机理,并观察整个电势扫描范围发生的反应。

图 4.6 的曲线上分别记录了氧化峰、还原峰以及峰电流、峰电位等信息,直接反映电极反应的可逆性、电活性物质的含量以及在溶液中的扩散行为。

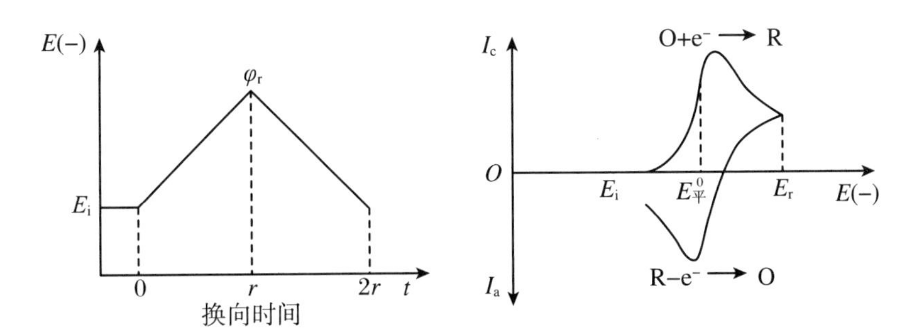

图 4.6　循环伏安法的电压波形和电流响应

对于可逆体系,峰电流 i_p 表示为

$$i_p = 0.4463 \times 10^{-3} \times n^{3/2} F^{3/2} A\,(RT)^{-1/2} D_R{}^{1/2} C_R^* v^{1/2} \quad (4.1)$$

25 ℃时

$$i_p = 269 A n^{3/2} D_R{}^{1/2} C_R^* v^{1/2} \quad (4.2)$$

式中,i_p(A)、A (cm^2)、D_R(cm^2/s)、v (V/s)、C_R^* (mol/cm^3)分别为峰电流、电极

面积、活性物质的扩散系数、电位扫描速度和活性物质的本体浓度。

峰电位可表示为

$$E_p = E_{1/2} + 1.109\frac{RT}{nF} \tag{4.3}$$

25 ℃时

$$E_p = E_{1/2} + \frac{0.0285}{n} \tag{4.4}$$

假定 i_p 的半值 $i_{p/2}$ 对应的电位为 $E_{p/2}$，那么峰电位 E_p 和 $E_{p/2}$ 的差具有如下关系：

$$\Delta E_p = E_p - E_{p/2} = \frac{0.0565}{n}(\mathrm{V}) \tag{4.5}$$

4.2.2 线性扫描伏安法原理

线性扫描伏安法(linear sweep voltammetry，LSV)是伏安法的一种。它有三种扫描形式，分别是单程线性扫描、三角波扫描和连续三角波扫描。电位扫描速度一般为 1～100 mV/s。线性扫描的电极电位可用下式表示：

$$E_t = E_i - vt \tag{4.6}$$

式中，E_t 为 t 时刻的电极电位；E_i 为初始电位；v 为电位扫描速度。线性扫描伏安法的电压波形和电流响应如图 4.7 所示。

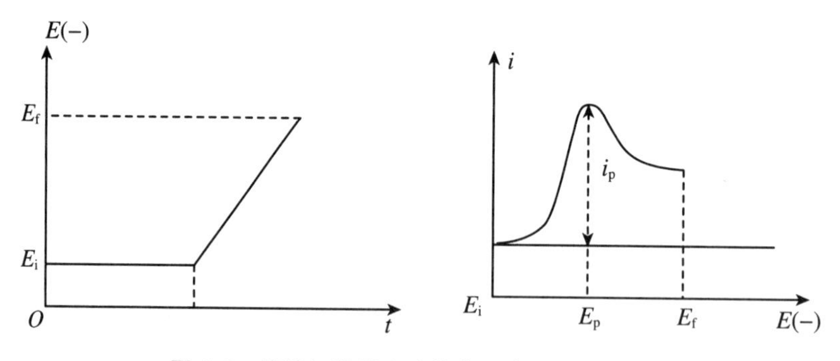

图 4.7 线性扫描伏安法的电压波形和电流响应

一方面，反应速度会随着电压 E 的增大而加快；另一方面，随着反应的进行，电极表面的反应物浓度下降，扩散流量逐渐下降。这两种作用共同造成了氧化峰。根据由 i-E 曲线测得的峰电流与被测物浓度呈线性关系，我们可进行定量分析。

4.2.3　塔费尔曲线

任何电极过程均包含一个或多个质点接受或失去电子的过程，由这一过程引起的极化称为电化学极化，而由电化学极化所产生的过电位称为电化学过电位或活化过电位。它发生在电极表面上。当电化学反应由缓慢的电极动力学过程控制时，电化学极化与电化学反应速度有关。与一般化学反应一样，电化学反应的进行必须克服活化能的能垒，即反应阻力。活化过电位的计算可应用著名的塔费尔(Tafel)半经验公式：

$$\eta_{act} = a + b\lg i \tag{4.7}$$

式中，a 相当于电流密度为 1 A/cm^{2}时的过电位；b 为塔费尔斜率。

塔费尔斜率的意义：室温下一般电化学反应的塔费尔斜率是 100 mV，即电流密度增大 10 倍，活化过电位即增加 100 mV。如其仅为 50 mV，则电流密度同样增大 10 倍，而活化过电位仅增加 50 mV。因此，降低电极的塔费尔斜率是降低活化过电位的重要途径。目前，降低电极材料的塔费尔斜率是电极催化所面临的重要课题。

4.2.4　电流-时间曲线测定原理

电流-时间曲线可以用于放电研究，它是在一个恒定的电极电势下，测定电流和时间的关系，如图 4.8 所示。

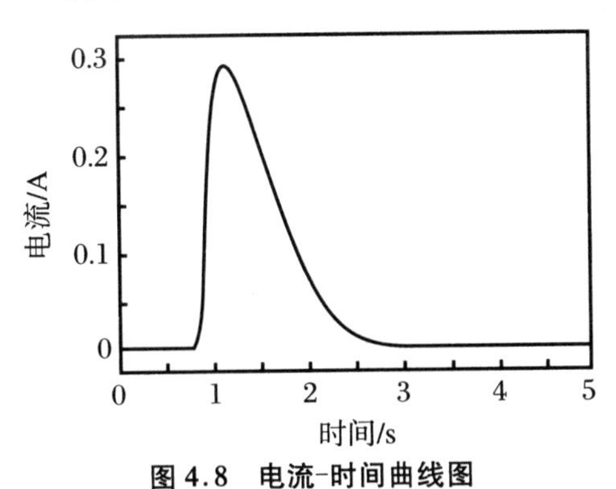

图 4.8　电流-时间曲线图

4.2.5　电化学阻抗谱原理

电化学阻抗谱(EIS)方法是对体系施以小振幅的对称的正弦波电信号扰动并测量其响应的一种方法。响应信号与扰动信号的比值称为阻抗或导纳。通过分析测量体系中输出的阻抗、相位、时间的变化关系，可以获得欧姆电阻、吸脱附以及电极过程的动力学参数等有关信息。

EIS测量的前提条件：第一，输出的响应信号只是由输入的扰动信号引起的。第二，输出的响应信号与输入的扰动信号之间存在线性关系。电化学系统的电流与电势之间的关系是由动力学规律决定的非线性关系，当采用小幅度的正弦波电势信号对系统扰动时，电势和电流之间可近似看作呈线性关系。通常作为扰动信号的电势正弦波的幅度在5 mV左右，一般不超过10 mV。第三，稳定性条件。扰动不会引起系统内部结构的变化，当扰动停止后，系统能够恢复到原先的状态。可逆反应满足稳定性条件；不可逆电极过程，只要电极表面的变化不是很快，当扰动幅度小，作用时间短时，可以近似地认为满足稳定性条件。

将电化学系统看作一个等效电路，这个等效电路是由电阻 R_S、电容 C_d、电感 L 等基本元件按串联或并联等方式组合而成的。它反映了电化学活化过程的特征。最简单的情况，即一个电化学系统可形象地用Randles等效电路来表示(图4.9)。

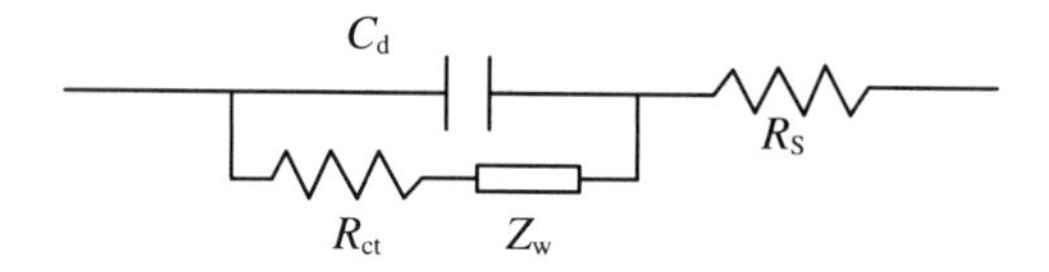

图4.9　Randles等效电路

Z_W 称为Warburg阻抗，它反映了传质过程的特征。包括传质过程和活化过程的阻抗称为法拉第阻抗 Z_F，它由 Z_W 和 R_{ct} 串联而成，所以总阻抗 Z 为

$$Z = R_S + \frac{1}{\dfrac{1}{Z_F} + j\omega C_d} = R_S + \frac{Z_F}{1 + j\omega C_d Z_F} \tag{4.8}$$

式中，

$$Z_F = Z_W + R_{ct} \tag{4.9}$$

在这一等效电路中，并联表示平行的过程，串联表示相继的过程。活化过程和传质过程是相继的，整个法拉第过程与双电层的充电过程是平行的。

与传质过程有关的Warburg阻抗的实部和虚部是相同的，都与 $\omega^{-1/2}$ 成正比，因此可以写成

$$Z_W = \sigma\omega^{-1/2} - \sigma\omega^{-1/2}j = \sigma\omega^{-1/2}(1 - j) \tag{4.10}$$

在高频极限下，经过计算，Z_W 实部和虚部分别为

$$Z' = R_S + \frac{R_{ct}}{1 + \omega^2 C_d^2 R_{ct}^2} \tag{4.11}$$

$$Z'' = \frac{\omega C_d R_{ct}^2}{1 + \omega^2 C_d^2 R_{ct}^2} \tag{4.12}$$

消去 ω，可得

$$\left(Z' - R_S - \frac{R_{ct}}{2}\right)^2 + Z''^2 = \left(\frac{R_{ct}}{2}\right)^2 \tag{4.13}$$

把阻抗的实部用复平面的实轴来表示，虚部用复平面的虚轴来表示，就得到Nyquist复平面图。式(4.13)在Nyquist复平面上为一半圆，圆心在实轴上，半圆和实轴在 $Z' = R_S$ 和 $Z' = R_S + R_{ct}$ 两点相交，半圆的直径为 R_{ct}，如图4.10所示。

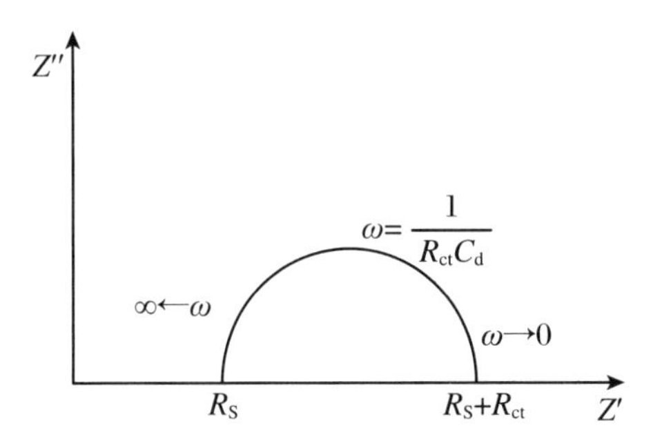

图4.10 Randles等效电路在高频极限下的Nyquist复平面图

在低频极限下，$\omega \to 0$，Z_W 的实部和虚部可简化为

$$Z' = R_S + R_{ct} + \sigma\omega^{-1/2} \tag{4.14}$$

$$Z'' = \sigma\omega^{-1/2} + 2\sigma^2 C_d \tag{4.15}$$

消去 ω，可得

$$Z'' = Z' - R_S - R_{ct} + 2\sigma^2 C_d \tag{4.16}$$

式(4.16)在Nyquist复平面上为一条直线，其斜率为1(与实轴成45°夹角)，该直线与实轴相交于 $Z' = R_S + R_{ct} - 2\sigma^2 C_d$。

4.3 $Pt/WO_3 \cdot 0.33H_2O$ 电极对甲醇和乙醇的催化性质研究

实验在CHI660C电化学工作站(上海辰华仪器有限公司)上进行。采用三电极体系，Ag/AgCl(饱和KCl)和Pt电极分别为参比电极和对电极，$Pt/WO_3 \cdot 0.33H_2O$ 电极为工作电极，采用循环伏安法、线性扫描伏安法、时间-电流曲线和塔费尔曲线来研究 $Pt/WO_3 \cdot 0.33H_2O$ 电极对甲醇和乙醇的催化氧化性质。

4.3.1 $Pt/WO_3 \cdot 0.33H_2O$ 电极的循环伏安性能测试

首先测试 $Pt/WO_3 \cdot 0.33H_2O$(网格/线)电极和Pt/C电极在0.5 mol/L H_2SO_4 溶液中的循环伏安特性，如图4.11(a)所示。测试的扫描速度为50 mV/s。

$Pt/WO_3 \cdot 0.33H_2O$(网格)电极在小于 0.1 V 出现的峰为氢的吸附/脱附峰,而在 0.7 V 出现了 Pt 的氧化峰,在 0.45 V 出现了 Pt 的还原峰。Pt/C 和 $Pt/WO_3 \cdot 0.33H_2O$(线)两个电极在溶液中也出现了类似的峰,只是峰值比 $Pt/WO_3 \cdot 0.33H_2O$(网格)电极小。根据氢的吸附和脱附峰,可以得到两电极的电化学活性面积(electrochemically active surface, EAS):

$$EAS = \frac{Q_H}{0.21 \times [Pt]} \tag{4.17}$$

式中,[Pt]是电极上单位面积的 Pt 的量 (mg/cm^2);Q_H 为氢的吸附电量(mC/cm^2);0.21 为 Pt 吸附氢的一个常数(mC/cm^2)。从式(4.17)可以算出三个电极的电化学活性面积:$Pt/WO_3 \cdot 0.33H_2O$ (网格)为 44.48 m^2/g,Pt/C 和 $Pt/WO_3 \cdot 0.33H_2O$ (线)分别为24.87 m^2/g 和 5.6 m^2/g 。从结果可以看出,$Pt/WO_3 \cdot 0.33H_2O$ (网格)电极的电化学活性面积最大,表明 $WO_3 \cdot 0.33H_2O$ 网格作为 Pt 的载体,在反应过程中

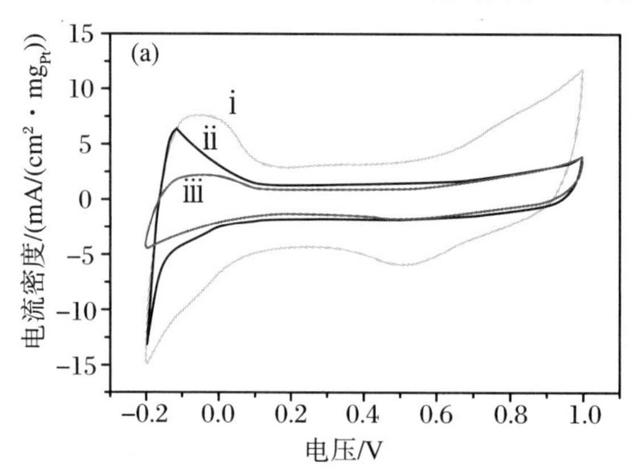

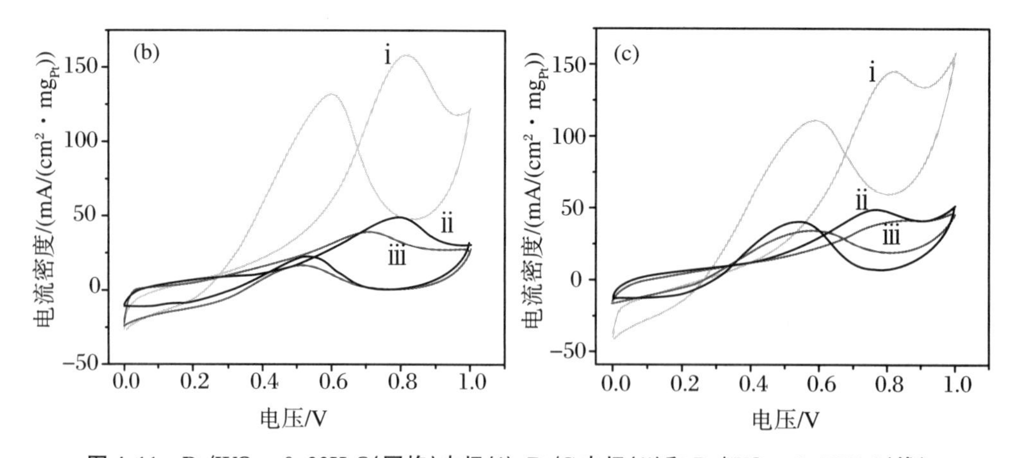

图 4.11　$Pt/WO_3 \cdot 0.33H_2O$(网格)电极(i)、Pt/C 电极(ii)和 $Pt/WO_3 \cdot 0.33H_2O$(线)电极(iii)的循环伏安图

(a) 0.5 mol/L H_2SO_4;(b) 0.5 mol/L H_2SO_4 + 1.0 mol/L CH_3OH;

(c) 0.5 mol/L H_2SO_4 + 1.0 mol/L C_2H_5OH

能够提供更多的反应活性点。从结构上看，$WO_3 \cdot 0.33H_2O$ 网格具有独特的框架结构，能够为液体的流动提供更多的孔洞或通道，避免液体的封闭，因此有助于液体与更多 Pt 的接触以及反应产物 CO_2 的排出。

图 4.11(b)和(c)为 $Pt/WO_3 \cdot 0.33H_2O$(网格/线)电极和 Pt/C 电极分别在 0.5 mol/L H_2SO_4 + 1.0 mol/L CH_3OH 和 0.5 mol/L H_2SO_4 + 1.0 mol/L C_2H_5OH 溶液中测试的循环伏安结果，扫描速度为 50 mV/s，三个电极对甲醇、乙醇都具有催化氧化活性。从图中可以看出，$Pt/WO_3 \cdot 0.33H_2O$(网格)对甲醇、乙醇氧化的开启电压分别为 0.1 V 和 0.07 V，随着扫描电位的提高，在 0.4 V 以下电流增加缓慢，而当扫描电位高于 0.4 V 以后，氧化电流急剧增加。在 0.82 V 左右处出现了氧化峰，氧化甲醇和乙醇的峰值电流密度分别达到了最大值 158.4 mA/($cm^2 \cdot mg_{Pt}$)和 144.8 mA/($cm^2 \cdot mg_{Pt}$)。随后由于表面氧化物的生成，表面活性点数目下降，氧化电流下降。当电位负扫时，表面氧化物的还原，使得表面活性位还原，因此又开始出现甲醇、乙醇氧化电流。$Pt/WO_3 \cdot 0.33H_2O$(网格)电极、Pt/C 电极和 $Pt/WO_3 \cdot 0.33H_2O$(线)电极对甲醇、乙醇的电催化氧化特性比较如表 4.1 所示。从实验结果可以看出，$Pt/WO_3 \cdot 0.33H_2O$(网格)电极对甲醇和乙醇的催化氧化活性高于 Pt/C 和 $Pt/WO_3 \cdot 0.33H_2O$(线)电极。

表 4.1　$Pt/WO_3 \cdot 0.33H_2O$(网格)电极、Pt/C 电极和 $Pt/WO_3 \cdot 0.33H_2O$(线)电极对甲醇、乙醇的电催化氧化特性比较

电　极	开启电压/V		峰值电压/V		峰值电流密度/(mA/($cm^2 \cdot mg_{Pt}$))	
	甲醇	乙醇	甲醇	乙醇	甲醇	乙醇
$Pt/WO_3 \cdot 0.33H_2O$(网格)	0.1	0.07	0.82	0.81	158.4	144.8
Pt/C	0.15	0.15	0.79	0.76	49.1	48.3
$Pt/WO_3 \cdot 0.33H_2O$(线)	0.24	0.17	0.70	0.83	39.8	39.1

4.3.2　$Pt/WO_3 \cdot 0.33H_2O$ 电极的线性扫描伏安测试

图 4.12 为 $Pt/WO_3 \cdot 0.33H_2O$(网格/线)电极和 Pt/C 电极在 0.5 mol/L H_2SO_4 + 1.0 mol/L CH_3OH 和 0.5 mol/L H_2SO_4 + 1.0 mol/L C_2H_5OH 溶液中的线性扫描伏安法测试结果，扫描速度为 50 mV/s。

从图 4.12 可以看出，对甲醇和乙醇的催化效果依次为 $Pt/WO_3 \cdot 0.33H_2O$(网格)＞Pt/C＞$Pt/WO_3 \cdot 0.33H_2O$(线)。和前面的循环伏安法测试结果一致。

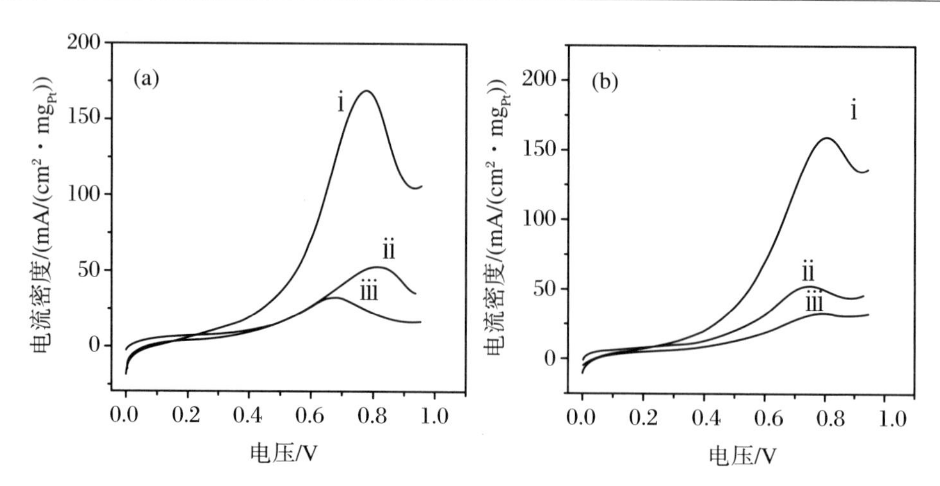

图 4.12 $Pt/WO_3\cdot0.33H_2O$(网格)电极(i)、Pt/C 电极(ii)、$Pt/WO_3\cdot0.33H_2O$(线)电极(iii)的线性扫描伏安法测试结果

(a) 0.5 mol/L H_2SO_4 + 1.0 mol/L CH_3OH;(b) 0.5 mol/L H_2SO_4 + 1.0 mol/L C_2H_5OH

Pt/C 电极的催化效果比 $Pt/WO_3\cdot0.33H_2O$(线)电极好一些,但是两者很接近。Pt/C 电极的电化学活性面积比 $Pt/WO_3\cdot0.33H_2O$(线)电极大得多,出现催化效果接近的原因主要是载体 $WO_3\cdot0.33H_2O$ 线与 Pt 对甲醇、乙醇的催化有协同作用。在催化过程中,吸附在 Pt 表面的氢,能够与 WO_3 反应生成 H_xWO_3,增强了 Pt 的吸氢能力以及对甲醇、乙醇的氧化作用。同时 WO_3 还增强了 Pt 的抗中毒的能力,使得催化反应更加彻底。所以,$Pt/WO_3\cdot0.33H_2O$(线)电极在电活性点较少的情况下,催化效果却能接近 Pt/C 电极。

4.3.3 $Pt/WO_3\cdot0.33H_2O$ 电极的时间-电流曲线测试

为了进一步分析 $Pt/WO_3\cdot0.33H_2O$(网格/线)电极和 Pt/C 电极对甲醇、乙醇催化氧化时的稳定性,进行了时间-电流曲线测试。图 4.13(a)是保持恒电压 0.75 V,在0.5 mol/L H_2SO_4 + 1.0 mol/L CH_3OH 中得到的时间-电流曲线。在开始的 100 s 内,三电极的电流迅速下降;随着极化时间的延长,电流呈缓慢下降趋势。同时也可以看出,$Pt/WO_3\cdot0.33H_2O$(网格)电极上的氧化电流下降的趋势要平缓很多。经过 1000 s 的极化,$Pt/WO_3\cdot0.33H_2O$(网格)电极、Pt/C 电极和 $Pt/WO_3\cdot0.33H_2O$(线)电极在甲醇溶液中的稳定电流密度分别为 39 mA/($cm^2\cdot mg_{Pt}$)、10 mA/($cm^2\cdot mg_{Pt}$)、9 mA/($cm^2\cdot mg_{Pt}$)。很明显在 $Pt/WO_3\cdot0.33H_2O$(网格)电极上剩余的甲醇氧化电流要远大于其他两个电极上的剩余电流。图 4.13(b)为在 0.5 mol/L H_2SO_4 + 1.0 mol/L C_2H_5OH 中得到的时间-电流曲线,情况和甲醇类似。这与前面的循环伏安法和线性扫描伏安法的结果相符,说明 $Pt/WO_3\cdot0.33H_2O$(网格)对甲醇、乙醇的催化氧化活性高于其他两个电极。

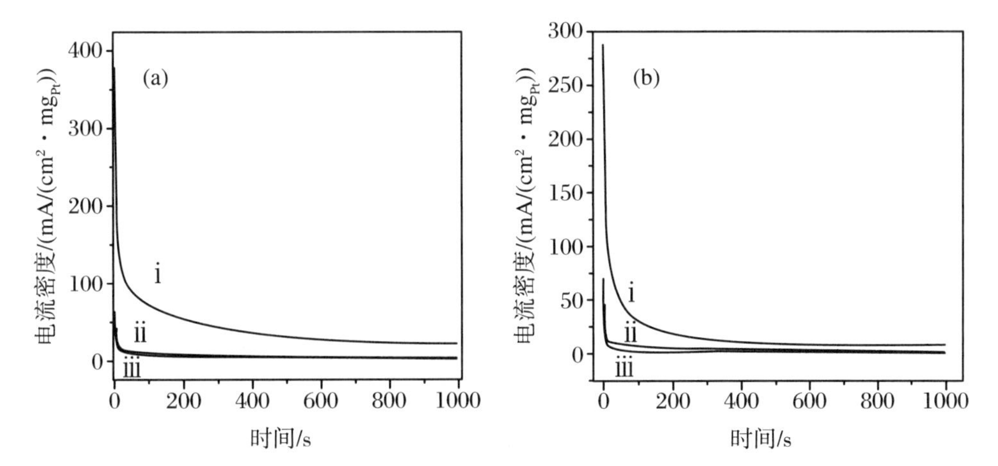

图 4.13　$Pt/WO_3 \cdot 0.33H_2O$ 电极(网格)(i)、Pt/C 电极(ii)和 $Pt/WO_3 \cdot 0.33H_2O$(线)电极(iii)的时间-电流曲线

(a) 0.5 mol/L H_2SO_4 + 1.0 mol/L CH_3OH；(b) 0.5 mol/L H_2SO_4 + 1.0 mol/L C_2H_5OH

$WO_3 \cdot 0.33H_2O$ 网格独有的三维立体结构、孔隙和微小通道，有利于催化剂在载体表面的分散，增大了比表面积，提高了催化性能。

4.3.4　$Pt/WO_3 \cdot 0.33H_2O$ 电极的塔费尔曲线测试

为了进一步评价 $Pt/WO_3 \cdot 0.33H_2O$(网格)电极、Pt/C 电极和 $Pt/WO_3 \cdot 0.33H_2O$(线)电极的催化性能，通过亚稳态极化曲线可以得到电极氧化甲醇、乙醇的交换电流密度 j_0 和塔费尔斜率。电解液分别为 0.5 mol/L H_2SO_4 + 1.0 mol/L CH_3OH 和 0.5 mol/L H_2SO_4 + 1.0 mol/L C_2H_5OH，如图 4.14 所示。

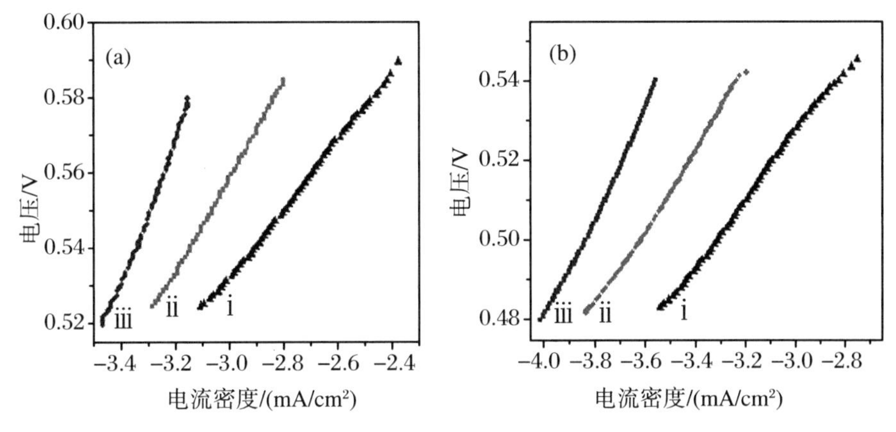

图 4.14　$Pt/WO_3 \cdot 0.33H_2O$(网格)电极(i)、Pt/C 电极(ii)和 $Pt/WO_3 \cdot 0.33H_2O$(线)电极(iii)的塔费尔曲线

(a) 0.5 mol/L H_2SO_4 + 1.0 mol/L CH_3OH；(b) 0.5 mol/L H_2SO_4 + 1.0 mol/L C_2H_5OH

表4.2给出了三电极氧化甲醇、乙醇的塔费尔斜率，扫描速度为10 mV/s。$Pt/WO_3 \cdot 0.33H_2O$(网格)电极的塔费尔斜率为86.1 mV/dec(甲醇)和86.3 mV/dec(乙醇)，小于Pt/C电极和$Pt/WO_3 \cdot 0.33H_2O$(线)电极的。当$Pt/WO_3 \cdot 0.33H_2O$(网格)电极氧化甲醇时，电流每增大10倍，活化过电位就会增加86.1 mV，这个电压小于Pt/C电极的115 mV和$Pt/WO_3 \cdot 0.33H_2O$(线)电极的122 mV，说明$Pt/WO_3 \cdot 0.33H_2O$(网格)电极发生电化学反应的阻力小于其他两个电极，且甲醇在$Pt/WO_3 \cdot 0.33H_2O$(网格)电极上更容易被催化氧化。

表4.2 $Pt/WO_3 \cdot 0.33H_2O$(网格)电极、Pt/C电极和$Pt/WO_3 \cdot 0.33H_2O$(线)电极氧化甲醇、乙醇塔费尔斜率和反应级数实验结果比较

电　　极	塔费尔斜率/(mV/dec)		反应级数	
	甲醇	乙醇	甲醇	乙醇
$Pt/WO_3 \cdot 0.33H_2O$(网格)	86.1	86.3	0.88	0.85
Pt/C	115	105	0.66	0.64
$Pt/WO_3 \cdot 0.33H_2O$(线)	122	124	0.73	0.72

4.3.5 $Pt/WO_3 \cdot 0.33H_2O$电极的反应级数的测试

为了得到$Pt/WO_3 \cdot 0.33H_2O$(网格)电极、Pt/C电极和$Pt/WO_3 \cdot 0.33H_2O$(线)电极氧化甲醇、乙醇的更多信息，应用线性伏安测试三电极在0.5 mol/L H_2SO_4+不同浓度的甲醇和0.5 mol/L H_2SO_4+不同浓度的乙醇溶液中，阳极氧化峰电流密度i_p和溶液中甲醇(乙醇)浓度的关系。结果如图4.15所示。

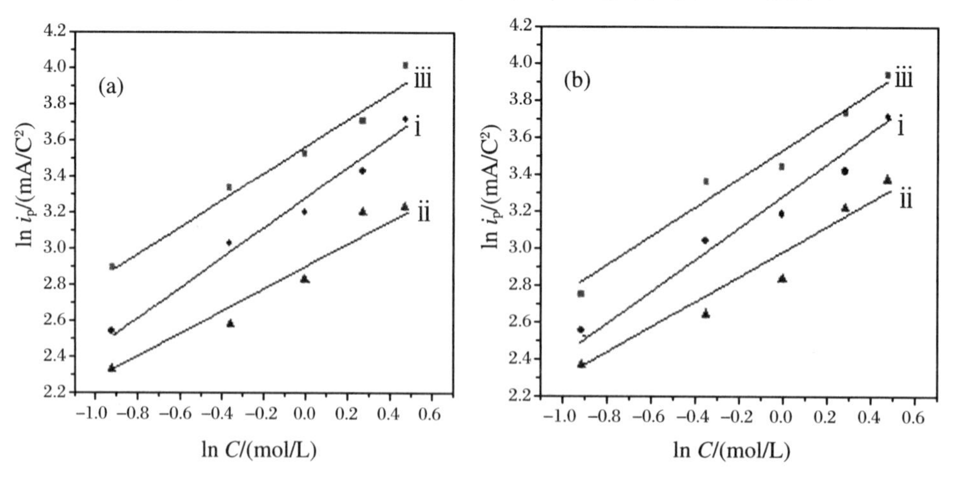

图4.15 $Pt/WO_3 \cdot 0.33H_2O$(网格)电极(i)、Pt/C电极(ii)和$Pt/WO_3 \cdot 0.33H_2O$(线)电极(iii)的反应级数

(a) 0.5 mol/L H_2SO_4 + CH_3OH；(b) 0.5 mol/L H_2SO_4 + C_2H_5OH

以 $\ln C$ 为横轴，$\ln i_p$ 为纵轴作图并示于图 4.15 中，可以看出随着甲醇（乙醇）的浓度的不断增加，三电极的氧化峰电流密度也在逐渐增大。表 4.2 给出了三电极催化甲醇、乙醇的反应级数，可以看出三电极的反应级数为 Pt/$WO_3 \cdot 0.33H_2O$（网格）电极 > Pt/$WO_3 \cdot 0.33H_2O$（线）电极 > Pt/C 电极。Pt/$WO_3 \cdot 0.33H_2O$（网格）电极的反应级数最大，说明随着甲醇（乙醇）浓度的增加，甲醇（乙醇）在 Pt/$WO_3 \cdot 0.33H_2O$（网格）电极的催化氧化进行得最快。其次，Pt/$WO_3 \cdot 0.33H_2O$（线）电极的反应级数要稍大于 Pt/C 电极，说明 $WO_3 \cdot 0.33H_2O$ 与 Pt 的协同作用加快了 Pt/$WO_3 \cdot 0.33H_2O$（线）电极对甲醇（乙醇）的氧化速度，同时 Pt 的抗中毒能力也得到提高，所以 Pt/$WO_3 \cdot 0.33H_2O$（线）电极催化氧化速度较 Pt/C 电极快。

4.3.6　Pt/$WO_3 \cdot 0.33H_2O$ 电极的交流阻抗测试

交流阻抗谱，是用一振幅非常小的正弦波电流信号对一稳定的电极系统进行扰动时，电极系统的频响函数。交流阻抗测试是电化学研究中的一种重要实验方法。由交流阻抗谱可以得到电化学反应中的电荷传递电阻 R_{ct}，有助于分析电极反应过程中所涉及的动力学特征，在电催化氧化甲醇、乙醇的研究中起着重要的作用。

采用三电极体系，以 Pt 电极为对电极，Ag/AgCl（饱和 KCl）为参比电极，Pt/$WO_3 \cdot 0.33H_2O$（网格）电极、Pt/C 电极和 Pt/$WO_3 \cdot 0.33H_2O$（线）电极为工作电极，在硫酸或硫酸-乙醇的溶液中测定其阻抗谱并进行比较。测试参数如下：

测试频率　$1 \sim 10^5$ Hz

测试电位　开路电位

微扰信号　10 mV

电解质　0.5 mol/L H_2SO_4，0.5 mol/L H_2SO_4 + 1 mol/L CH_3OH

图 4.16 为 Pt/$WO_3 \cdot 0.33H_2O$（网格）电极、Pt/C 电极和 Pt/$WO_3 \cdot 0.33H_2O$（线）电极的 Niquist 图。从实验数据可以看出，三个电极在交流阻抗高频部分是一段圆弧，该部分为电荷迁移控制。Pt/$WO_3 \cdot 0.33H_2O$（网格）电极的电阻小于其他两个电极的电阻，主要是因为电荷在 Pt/$WO_3 \cdot 0.33H_2O$（网格）催化剂里传输得较其他两个电极快。说明 $WO_3 \cdot 0.33H_2O$ 网格作为载体不仅可以提供微小的孔隙和通道利于反应物流通，而且可以降低电极表面的电阻。

从以上结果得出以下结论：Pt/$WO_3 \cdot 0.33H_2O$（网格）电极对甲醇、乙醇的催化效果优于 Pt/C 电极和 Pt/$WO_3 \cdot 0.33H_2O$（线）电极。这主要是基于三个方面的原因：① $WO_3 \cdot 0.33H_2O$ 网格独特的三维框架结构，增加了 Pt 附着的比表面积，同时增大了 Pt/$WO_3 \cdot 0.33H_2O$（网格）电极的电化学活性面积（EAS）；② $WO_3 \cdot 0.33H_2O$ 网格的微小的孔隙和通道利于反应物的流通以及 CO_2 的排放，

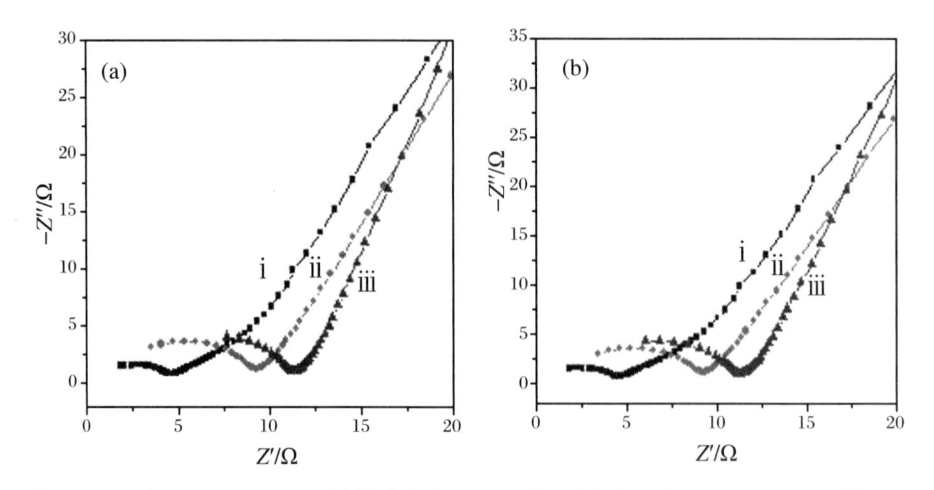

图 4.16　$Pt/WO_3\cdot0.33H_2O$（网格）电极(i)、Pt/C 电极(ii)和 $Pt/WO_3\cdot0.33H_2O$（线）电极(iii)的 Niquist 图

(a) 0.5 mol/L H_2SO_4；(b) 0.5 mol/L H_2SO_4 + 1.0 mol/L C_2H_5OH

减少液封效应；③ 在催化过程中，$WO_3\cdot0.33H_2O$ 载体与 Pt 催化剂的协同作用，使得 $Pt/WO_3\cdot0.33H_2O$（网格）电极的催化性得到提高。WO_3 能够与吸附在 Pt 表面的氢反应生成 H_xWO_3，这大大减少了 Pt 表面的氢的附着量，增加了 Pt 反应活性点，使得 Pt 能氧化更多的甲醇、乙醇，增加了反应速度，同时增加了 Pt 抗中毒的能力。[139-140]具体过程如下（以乙醇为例）：

$$Pt\text{-}(C_2H_5OH)_{ad} + Pt \longrightarrow Pt\text{-}(C_2H_5O)_{ad} + Pt\text{-}H \tag{4.18}$$

$$Pt\text{-}(C_2H_5O)_{ad} \longrightarrow CO_2 + Pt\text{-}H \tag{4.19}$$

$$WO_3 + xPt\text{-}H \longrightarrow H_xWO_3 + xPt \tag{4.20}$$

$$H_xWO_3 \longrightarrow WO_3 + xH^+ + xe^- \tag{4.21}$$

$Pt/WO_3\cdot0.33H_2O$（网格）电极、Pt/C 电极和 $Pt/WO_3\cdot0.33H_2O$（线）电极催化氧化甲醇、乙醇最后的生成物为 CO_2，总反应表达式为

$$CH_3OH + H_2O = CO_2 + 6H^+ + 6e^- \tag{4.22}$$

本章小结

本章通过水热法合成了网格结构和线状结构的 $WO_3\cdot0.33H_2O$ 纳米晶体。以两种结构的 $WO_3\cdot0.33H_2O$ 为载体，在低温下用搅拌法将 Pt 颗粒沉积在 $WO_3\cdot0.33H_2O$ 上，分别得到了 $Pt/WO_3\cdot0.33H_2O$（网格）、$Pt/WO_3\cdot0.33H_2O$（线）。FESEM 和 TEM 表征显示，尺寸为 10～15 nm 的 Pt 纳米颗粒均匀地吸附在 $WO_3\cdot0.33H_2O$ 上。

电化学研究分析比较了 $Pt/WO_3\cdot0.33H_2O$（网格）电极、Pt/C 电极和

$Pt/WO_3 \cdot 0.33H_2O$（线）电极对甲醇、乙醇的催化氧化性质。结果表明，$Pt/WO_3 \cdot 0.33H_2O$（网格）电极的催化性能优于其他两个电极。其具有更高的氧化峰电流密度（158.4 mA/($cm^2 \cdot mg_{Pt}$)（甲醇）、144.8 mA/($cm^2 \cdot mg_{Pt}$)（乙醇）、较小的塔费尔斜率（86.1 mV/dec（甲醇）、81.3 mV/dec（乙醇））和较大的反应级数（0.88（甲醇）、0.85（乙醇））、较好的耐中间产物毒化的能力、较小的电荷传递电阻。这是由于 $Pt/WO_3 \cdot 0.33H_2O$（网格）电极具有较大的电化学活性面积（44.48 m^2/g）。另外，$WO_3 \cdot 0.33H_2O$ 与Pt的协同效应提高了电极的催化性能，同时，这也是Pt/C电极电化学面积（24.87 m^2/g）大于 $Pt/WO_3 \cdot 0.33H_2O$（线）电极（5.6 m^2/g），但催化性能却仅稍优于 $Pt/WO_3 \cdot 0.33H_2O$（线）电极的原因。

第5章　$Ag_2O/WO_3 \cdot 0.33H_2O$异质结光催化亚甲基蓝研究

随着经济的发展，处理工业废水和污染水源已经是全世界范围内研究的热点课题。二氧化钛是一种传统光催化材料，带隙为3.2 eV，只能吸收太阳光中的紫外光(3%～5%)，因此二氧化钛利用太阳光的效率受到了很大限制。为了使二氧化钛光催化能够被可见光所驱动，研究人员采取了多种技术对二氧化钛纳米粒子进行掺杂或表面改性。$WO_3 \cdot 0.33H_2O$是含结晶水的WO_3，WO_3为带隙大约2.8 eV的半导体材料，吸收太阳光中的可见光，而$WO_3 \cdot 0.33H_2O$的带隙却为3.2 eV，只能吸收波长小于387 nm的紫外光，$WO_3 \cdot 0.33H_2O$和二氧化钛非常相似，是一种很有潜力的半导体材料。我们同样可以对$WO_3 \cdot 0.33H_2O$进行改性进而提高它的光催化性能。同时，我们知道，纳米催化剂的晶型、形貌等物化性质对其催化性能有很大影响。WO_3的晶型较多，形貌复杂多样，已报道的有纳米线、纳米棒、纳米管、纳米球、纳米盘、纳米纤维、纳米片等。第3章提到，$WO_3 \cdot 0.33H_2O$网格比表面积高，其结构内微小的孔隙和通道利于液相染料分子的流通，减少液封效应。而且，太阳光在网格结构内发生多重漫反射和折射，减少光线逃逸的机会，从而增加光的吸收。

有研究表明，窄带隙半导体Cu_2O在分解制氢气[141]、光降解有机污染物[142]、太阳能转换[143]等方面具有优越的性能。与Cu_2O相似，Ag_2O作为另一种重要的p型窄带隙半导体材料[144]，已在感光材料、光记忆材料、光电转换器件等方面获得了广泛的应用。[145-148]但是，单一Ag_2O半导体对光子利用率低。本章用Ag_2O表面改性$WO_3 \cdot 0.33H_2O$，利用化学搅拌法制备不同Ag_2O含量的$Ag_2O/WO_3 \cdot 0.33H_2O$，并将其用于紫外光及可见光下目标分子亚甲基蓝的降解。实验中先用水热法制备出$WO_3 \cdot 0.33H_2O$网格，然后进行Ag_2O的负载，接着对所得到的$Ag_2O/WO_3 \cdot 0.33H_2O$样品进行表征，最后测试样品在模拟太阳光下液相降解亚甲基蓝的光催化活性。

5.1 $Ag_2O/WO_3 \cdot 0.33H_2O$ 的制备

5.1.1 制备方法简介

1. 反应试剂

氯化钙($CaCl_2$)	分析纯	重庆医药化学试剂仓
钨酸钠(Na_2WO_4)	分析纯	重庆医药化学试剂仓
硝酸(HNO_3)	分析纯	重庆医药化学试剂仓
硝酸银($AgNO_3$)	分析纯	Sigma-Aldrich 公司
葡萄糖($C_6H_{12}O_6$)	分析纯	重庆医药化学试剂仓

2. 合成步骤

(1) 制备 $WO_3 \cdot 0.33H_2O$ 网格。

(2) 配制 0.1 moL/L 的 $AgNO_3$溶液和 0.5 moL/L 的葡萄糖溶液。

(3) 取 50 mg 的 $WO_3 \cdot 0.33H_2O$ 网格粉体,并加入装有 10 mL 去离子水的小烧杯中。

(4) 分别取 1 mL 0.1 moL/L 的 $AgNO_3$溶液和 1 mL 0.5 moL/L 的葡萄糖溶液,并加入装有 $WO_3 \cdot 0.33H_2O$ 网格粉体的烧杯中,均匀搅拌 4 h。

(5) $AgNO_3$被还原成 Ag_2O 小颗粒,附着在 $WO_3 \cdot 0.33H_2O$ 网格上。用去离子水和酒精将产物清洗数遍,最后得到 $Ag_2O/WO_3 \cdot 0.33H_2O$ 催化剂。此时,Ag_2O和 $WO_3 \cdot 0.33H_2O$ 的物质的量之比 R 为 1∶4。

(6) 分别取 2 mL 0.1 moL/L 的 $AgNO_3$溶液和 2 mL 0.5 moL/L 的葡萄糖溶液并加入装有 50 mg $WO_3 \cdot 0.33H_2O$ 网格粉体的烧杯中,均匀搅拌 4 h。然后用去离子水和酒精将产物清洗数遍,最后得到 $Ag_2O/WO_3 \cdot 0.33H_2O$ 催化剂。此时,Ag_2O和 $WO_3 \cdot 0.33H_2O$ 的物质的量之比 R 为 1∶2。

(7) 用同样的方法制备物质的量之比 R 分别为 0∶2、1∶1、2∶1 的 $Ag_2O/WO_3 \cdot 0.33H_2O$ 催化剂。

5.1.2 $Ag_2O/WO_3 \cdot 0.33H_2O$ 催化剂的表征

1. SEM 表征

图 5.1(a)是 $WO_3 \cdot 0.33H_2O$ 网格的 SEM 图,图 5.1(b)是 $Ag_2O/WO_3 \cdot 0.33H_2O$

催化剂的 SEM 图。从 5.1(b)可以看出,网格内分布了许多 Ag_2O 颗粒。

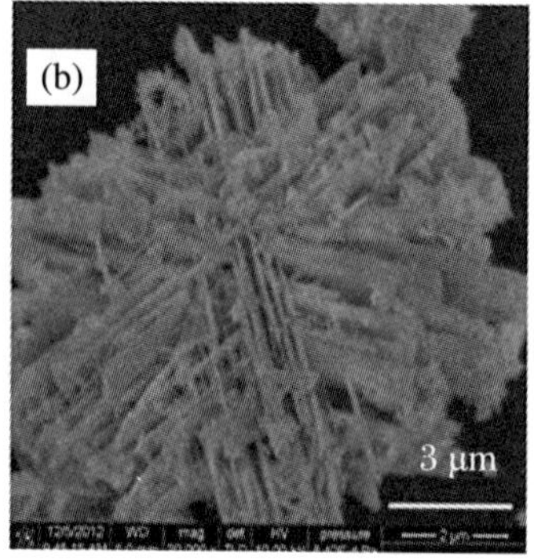

图 5.1 SEM 图

(a) $WO_3\cdot0.33H_2O$ 网格;(b) 物质的量之比为 1∶1 的 $Ag_2O/WO_3\cdot0.33H_2O$ 催化剂

2. XRD 表征

图 5.2 为 $Ag_2O/WO_3\cdot0.33H_2O$ 的 XRD 图谱。当 $R=0∶1$ 时,$WO_3\cdot0.33H_2O$ 没有负载 Ag_2O 颗粒,XRD 对应的为正交晶系的 $WO_3\cdot0.33H_2O$ 晶体,JCPDS 号为 35-0270。当 $R=2∶1$ 时,Ag_2O 颗粒的衍射峰最强烈,图中 Ag_2O 颗粒 XRD 图谱对应的晶面为(102)、(003)和(103),对应的 JCPDS 号为 191-155,为六方晶系的 Ag_2O。从图中还可以看出,Ag_2O 的负载并没有影响 $WO_3\cdot0.33H_2O$ 晶体的物相。与过渡金属掺杂不同的是,由于 Ag^+ 的离子半径和 W^{3+} 的差别很大,所以 Ag^+ 无法进入 $WO_3\cdot0.33H_2O$ 的晶格内部。因此,Ag_2O 的负载主要集中在粉体的表面区域,与图 5.1 的 SEM 图吻合。

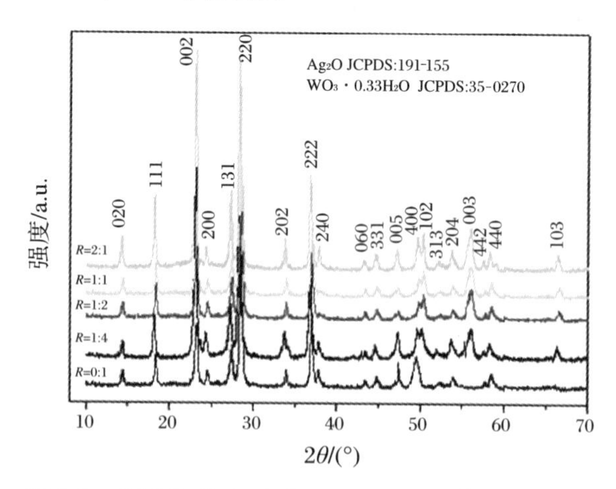

图 5.2 不同 R 的 $Ag_2O/WO_3\cdot0.33H_2O$ 的 XRD 图谱

5.2　$Ag_2O/WO_3 \cdot 0.33H_2O$ 光催化剂的性能

5.2.1　实验过程

（1）分别称取 0.3 g 不同 R 的 $Ag_2O/WO_3 \cdot 0.33H_2O$ 粉体，放入不同的烧杯中，向每个烧杯中加入 100 mL 8 mg/L 的亚甲基蓝溶液。

（2）避光搅拌 30 min 使样品达到吸附平衡，然后在模拟太阳光照射下进行光催化降解实验，反应每 30 min 取样一次。

（3）将试样离心分离，取上层清液于亚甲基蓝的最大吸收波长 647 nm 处测定吸光度，由反应前后吸光度计算降解率。以光照后溶液中亚甲基蓝的吸光度 C 与原始溶液亚甲基蓝的吸光度 C_0 的比值大小评估 $Ag_2O/WO_3 \cdot 0.33H_2O$ 粉体的光催化活性。

5.2.2　光催化性能测试

图 5.3 为亚甲基蓝在模拟太阳光照射下的光催化降解曲线。从图中可以看出，Ag_2O 的负载量对 $Ag_2O/WO_3 \cdot 0.33H_2O$ 光催化剂催化性能的影响是很明显的。当 R 值为 0∶1 时，没有 Ag_2O 的负载，在光照 60 min 后，纯的 $WO_3 \cdot 0.33H_2O$ 网格粉体降解率为 65%，随着 Ag_2O 负载量增加，亚甲基蓝的降解率很快由 65% 上升到 80%。最佳负载比例 R 为 1∶2，$Ag_2O/WO_3 \cdot 0.33H_2O$ 的活性比纯的 $WO_3 \cdot 0.33H_2O$ 粉体提高了 12%左右。但随着 Ag_2O 负载量的继续增大，$Ag_2O/WO_3 \cdot 0.33H_2O$ 催化剂的活性下降得很快，甚至比纯的 $WO_3 \cdot 0.33H_2O$ 粉体的活性还低。在较大的 Ag_2O 负载量下，$WO_3 \cdot 0.33H_2O$ 表面的 Ag_2O 团簇占据了较多的 $WO_3 \cdot 0.33H_2O$ 粒子表面，客观上增加了 Ag_2O 自身电子空穴的复合以及 $WO_3 \cdot 0.33H_2O$ 上电子和 Ag_2O 原子簇中的空穴的复合，从而降低了光催化剂光催化反应的效率。

从图 5.4 可以看出，前三次重复性实验后，亚甲基蓝溶液的降解率基本保持在 98%左右，第四次稍有下降，但降解率也达到了 90%，说明 $Ag_2O/WO_3 \cdot 0.33H_2O$ 催化剂样品无明显的失活现象，光催化反应过程中 $Ag_2O/WO_3 \cdot 0.33H_2O$ 异质结催化剂保持了较高的活性和稳定性。

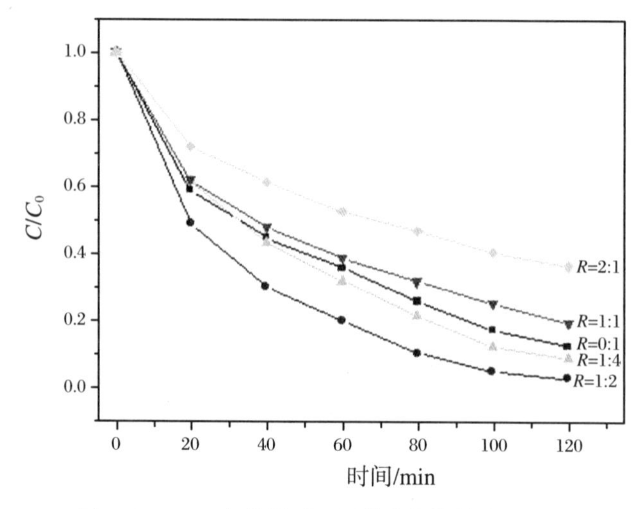

图 5.3 Ag_2O 负载量对亚甲基蓝催化性能的影响

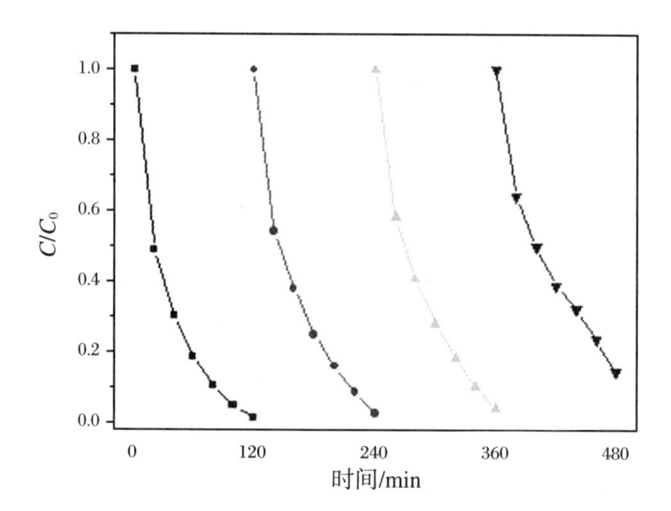

图 5.4 $Ag_2O/WO_3 \cdot 0.33H_2O$ ($R=1:2$)多次催化亚甲基蓝的曲线

5.2.3 光催化机理分析

$WO_3 \cdot 0.33H_2O$ 的带隙为 3.2 eV，吸收波长小于 387 nm 的紫外光，Ag_2O 的带隙为 1.2 eV 左右，$WO_3 \cdot 0.33H_2O$ 晶体负载一定量的 Ag_2O 成为异质结催化剂以后，吸收光的范围从紫外光扩展到了可见光。当太阳光照射到 $Ag_2O/WO_3 \cdot 0.33H_2O$ 异质结催化剂上时，Ag_2O 吸收了能量大于 1.2 eV 的光子，产生了电子空穴对，如图 5.5 所示。

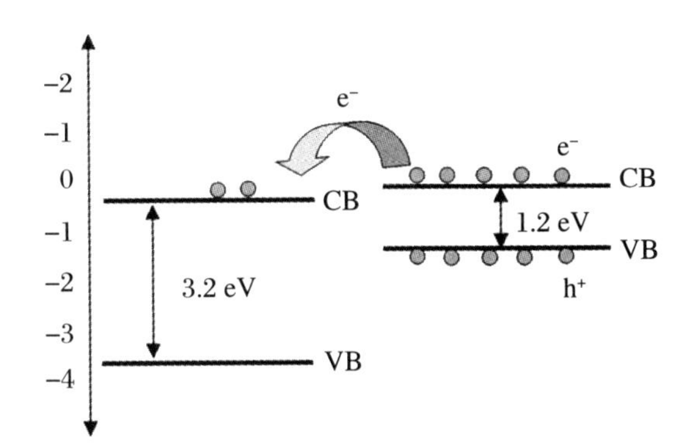

图 5.5　$Ag_2O/WO_3 \cdot 0.33H_2O$ 异质结催化剂催化过程中的电子转移图

电子 e^- 会随即跃迁到更加稳定的 $WO_3 \cdot 0.33H_2O$ 的导带上，空穴 h^+ 富集在 Ag_2O 价带底。电子被催化剂表面溶解的氧分子俘获，生成具有高氧化性的超氧负离子，空穴与聚集在 Ag_2O 表面的 OH^-、H_2O 反应生成具有强氧化性的 $\cdot OH$，这些强氧化性物质随后进攻亚甲基蓝分子并将其降解成 CO_2 和 H_2O。

本章小结

(1) 利用化学搅拌法分别制备了 Ag_2O 和 $WO_3 \cdot 0.33H_2O$ 的物质的量之比为 0∶1、1∶2、1∶4、1∶1、2∶1 的 $Ag_2O/WO_3 \cdot 0.33H_2O$ 异质结催化剂，SEM 图显示氧化银颗粒均匀地分散在 $WO_3 \cdot 0.33H_2O$ 网格上。

(2) 随着 Ag_2O 负载量的增加，$Ag_2O/WO_3 \cdot 0.33H_2O$ 异质结催化剂的催化性能明显提高，最佳负载比例 R 为 1∶2。此后，随着 Ag_2O 量的增加，催化性能下降。这可能是因为过量的 Ag_2O 颗粒增加了 Ag_2O 自身电子空穴的复合以及 $WO_3 \cdot 0.33H_2O$ 上电子和 Ag_2O 原子簇中的空穴的复合，从而降低了光催化剂光催化反应的效率。

(3) 通过多次降解实验发现，$Ag_2O/WO_3 \cdot 0.33H_2O$ 异质结催化剂在太阳光下重复使用效果较好。

综上可以看出，$Ag_2O/WO_3 \cdot 0.33H_2O$ 异质结催化剂具有较高的催化活性和稳定性，在染料的光催化降解过程中具有潜在的应用价值。

第6章　新型 n-n 异质结纳米复合材料 $g-C_3N_4-NS/Cu_3V_2O_8$ 在可见光下对 N_2 固定的光催化性能研究

氨不仅是一种重要的化工原料，对工农业的发展至关重要，而且是一种重要的储能中间体和无碳能源载体。[149-153]氨可用于制造化肥、炸药、医药、塑料等。更为重要的是，氨提供了一种全新的能源市场，不会受到地域的限制。故而，氨成为绿色可持续清洁能源领域前沿研究方向之一，可以解决由地域因素导致的市场集中化及其引发的一系列潜在问题，有望作为最有前景的清洁能源，缓解当今世界经济快速发展下持续对化石燃料过度依赖的问题。然而，目前工业合成氨的方法能耗高且碳排放量巨大，因此开发环境友好且在温和条件下实现氮还原的工艺技术迫在眉睫。[154]光催化氮还原合成氨以其能量和环境优势受到广泛的关注和研究。[155-156]光催化固氮利用太阳能作为驱动力，实现真正意义上化学工业生产中碳的零排放，是一项清洁、可持续、高效率、高选择性的氨合成工艺技术。[157-160]提高光催化氮还原合成氨效率的关键在于高效的光催化剂材料的设计和构筑。传统的半导体光催化剂材料存在载流子分离效率低、电子转移效率差以及太阳能捕获能力有限等问题，因此探寻并构筑新型光催化剂材料对于推动光催化固氮技术的发展至关重要。

好的光催化剂要具有以下特征：一是吸收的太阳光波长范围广；二是对产生的电子空穴对有着高的分离效率和迁移效率。科学家们对光催化剂的研究也是从这些方面出发的。石墨相的氮化碳纳米片（$g-C_3N_4-NS$）是由三-S-三嗪环和 p-共轭结构组成的，属于可见光响应型光催化剂，具有成本低、稳定性高、无毒、光电子性能可调等优点[161-162]，在光催化领域受到了广泛关注，其应用包括降解有机污染物和微生物污染物[163-164]、治理空气污染[165]以及分解水[166]等。尽管 $g-C_3N_4-NS$ 具有很多优点，但其对太阳光的利用率并不高，且无法有效地抑制体内的光生载流子的复合。[167]根据前人的研究，将 $g-C_3N_4-NS$ 与其他半导体结合形成异质结光催化剂是解决上述缺陷的有效方案。据报道，为了制备 $g-C_3N_4-NS$ 基的多相光催化剂，研究者们采用了多种与 $g-C_3N_4-NS$ 能带结构相适应的半导体，如 $1T-MoSe_2/g-C_3N_4$[168]、$1T-MoReS_3/g-C_3N_4$[169]、$Co-MoS_2/g-C_3N_4$[170]、$WO_3/g-C_3N_4$[171]、

$AgNbO_3/g\text{-}C_3N_4$[172]。这些异质结催化剂能显著提升异质结界面上电荷的转移效率。钒酸铜($Cu_3V_2O_8$)是带隙(E_g)为2.1 eV的n型半导体[173]，具有较高的光催化性能和良好的电化学性能，是一种极具潜力的n型半导体材料，如果将其与 $g\text{-}C_3N_4\text{-}NS$ 结合形成异质结，则可适用于多种光催化过程。因此，本章把 $Cu_3V_2O_8$ 纳米颗粒沉淀到 $g\text{-}C_3N_4\text{-}NS$ 基上，构建了一种新型的n-n异质结纳米复合材料 $g\text{-}C_3N_4\text{-}NS/Cu_3V_2O_8$，其可以有效地增加电子空穴的分离效率，延长载流子寿命，从而提高对 N_2 固定的光催化性能。希望本工作可以为构筑高效、稳定、低成本的光催化剂提供一定的理论支持，为产品未来的产业化提供实验基础。

6.1　实验部分

6.1.1　$g\text{-}C_3N_4\text{-}NS/Cu_3V_2O_8$ 的制备

所有化学试剂均为分析纯，未经过进一步纯化，实验中使用的水均为蒸馏水。所用到的试剂有三聚氰胺(99.2%)、一水合醋酸铜($Cu(CO_2CH_3)_2 \cdot H_2O$，98%)、偏钒酸铵($NH_4VO_3$，99%)、二甲基亚砜(DMSO)、溴酸钾($KBrO_3$)和乙醇。

催化剂的合成分为两步。第一步是以三聚氰胺为原料，采用热缩聚合方法，制备石墨相纳米片。首先，将约8 g的三聚氰胺放入氧化铝坩埚中加热，加热速度为2 ℃/min，加热到520 ℃，在520 ℃的温度中保持4 h；其次，将制备好的大块 $g\text{-}C_3N_4$ 放入开放式陶瓷坩埚中，以同样的加热速度加热至550 ℃并保持4 h；最后，自然冷却至室温，收集得到淡黄色粉末，记为 $g\text{-}C_3N_4\text{-}NS$(石墨相氮化碳纳米片)。第二步是制作二元 $g\text{-}C_3N_4\text{-}NS/Cu_3V_2O_8$ 纳米复合材料。首先，将0.24 g $g\text{-}C_3N_4\text{-}NS$ 超声分散在100 mL去离子水中；其次，将一水合醋酸铜(Ⅱ)(3 mmol)和偏钒酸铵(2 mmol)溶解在20 mL的去离子水中，并缓慢加到上述 $g\text{-}C_3N_4\text{-}NS$ 的悬浮液中，搅拌3 h；最后，将所得产品离心洗涤后在80 ℃的真空下干燥3 h，再在400 ℃炉上烧结2 h，得到最终的产品 $g\text{-}C_3N_4\text{-}NS/Cu_3V_2O_8$ 纳米复合材料。

6.1.2　固氮过程

光催化固氮过程是在常温常压下进行的。将0.04 g的光催化剂超声分散在40 mL水中，然后加入50 μL乙醇作为空穴捕获剂。将制备好的悬浮液倒入50 mL的双壁玻璃反应器中，通入一定流速的 N_2(50 mL/min)并不断搅拌，先进行

1 h 的暗反应,进行吸附-脱附平衡。然后将悬浮液置于 500 W 的 Xe 灯产生的可见光下进行光催化反应。NH_3/NH_4^+ 的浓度将采用分光光度法来测定。

6.1.3 电化学测试

实验在 CHI660C 电化学工作站(上海辰华仪器有限公司)上进行。采用标准三电极体系,Ag/AgCl(饱和 KCl)和 Pt 电极分别作为参比电极和对电极,0.5 mol/L Na_2SO_4水溶液作为电解质溶液。为了制作工作电极,将 1 mg 光催化剂超声分散在 100 mL 去离子水中 20 min,然后将溶液涂抹在干净的掺氟的氧化锡(FTO)玻璃上。将制得的电极在常温下干燥,最后滴上 10 mL Nafion 溶液。

6.2 结果和讨论

实验采用 XRD 来确定样品的晶体结构和物相。图 6.1(a)为 g-C_3N_4-NS 和 g-C_3N_4-NS/$Cu_3V_2O_8$纳米复合材料的 XRD 图谱。对于 g-C_3N_4-NS 样品,13.5°和 28.2°的两个峰分别对应于(100)和(002)面,分别源于共轭芳香层的平面堆积和叠加。[174-175] g-C_3N_4-NS/$Cu_3V_2O_8$ 样品的峰出现在(100)、(110)、(020)、(021)、(111)、(200)、(012)、(212)、(031)、(102)、(211)、(221)、(204)、(142)和(−342)面上,分别对应于 2θ 为 16.6°、20.1°、24.1°、27.4°、27.8°、32.5°、33.9°、36.8°、37.7°、39.7°、40.9°、46.9°、58.7°、62.4°和 67.6°,与单斜结构(ICDD No. 74-1503)的谱图一致。[176] 此外,在纳米复合材料的 XRD 图谱中还发现了与 g-C_3N_4-NS 相关的(002)面对应的峰。

通过 FTIR 分析研究了所制备样品中键的相互作用。图 6.1(b)展示了 g-C_3N_4-NS、$Cu_3V_2O_8$和 g-C_3N_4-NS/$Cu_3V_2O_8$纳米复合材料的 FTIR 光谱。所有的催化剂都在 3248 nm 左右处出现了一个宽峰,这与表面吸附水分子的 O—H 键的拉伸振动有关;另一个出现在 1620 nm 处的峰则与样品表面羟基的弯曲振动有关。[177] 对于 g-C_3N_4-NS 和 g-C_3N_4-NS/$Cu_3V_2O_8$样品,在 812 nm 和1638 nm 处的峰属于庚嗪环和 C═N 拉伸振动;在 1232 nm、1310 nm 和 1406 nm 处的峰则归因于g-C_3N_4-NS[178] 的 C—N 杂环拉伸。对于 $Cu_3V_2O_8$,位于 936 nm 到 454 nm 范围内的振动带与四面体 VO_4和八面体 CuO_6的振动模式符合得比较好。[179]

紫外-可见反射光谱实验用于研究样品的光学性质和确定样品的带隙。从图 6.2(a)的光谱图来看,所有样品在可见光区域都有很好的吸收。与 g-C_3N_4-NS 相比,g-C_3N_4-NS/$Cu_3V_2O_8$ 纳米复合材料对可见光具有更高的吸收能力。

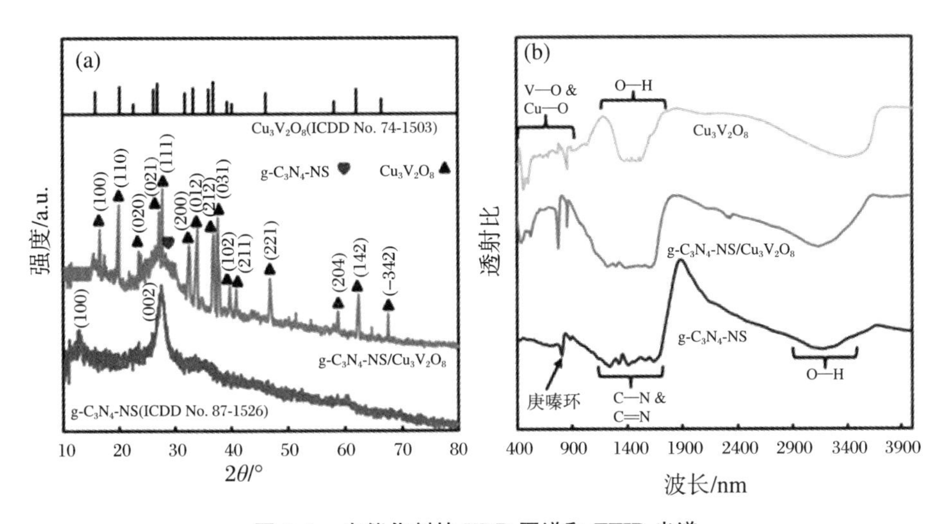

图6.1　光催化剂的XRD图谱和FTIR光谱

(a) XRD图谱；(b) FTIR光谱

g-C_3N_4-NS和$Cu_3V_2O_8$的带隙E_g，可以采用下式来进行计算：

$$\alpha h\nu^{\frac{1}{2}} = A(h\nu - E_g)$$

式中，A、h、ν、α分别为能带系数、普朗克常数、光的频率、吸收系数。[180]图6.2(a)显示g-C_3N_4-NS和$Cu_3V_2O_8$的带隙E_g分别为2.80 eV和2.10 eV。

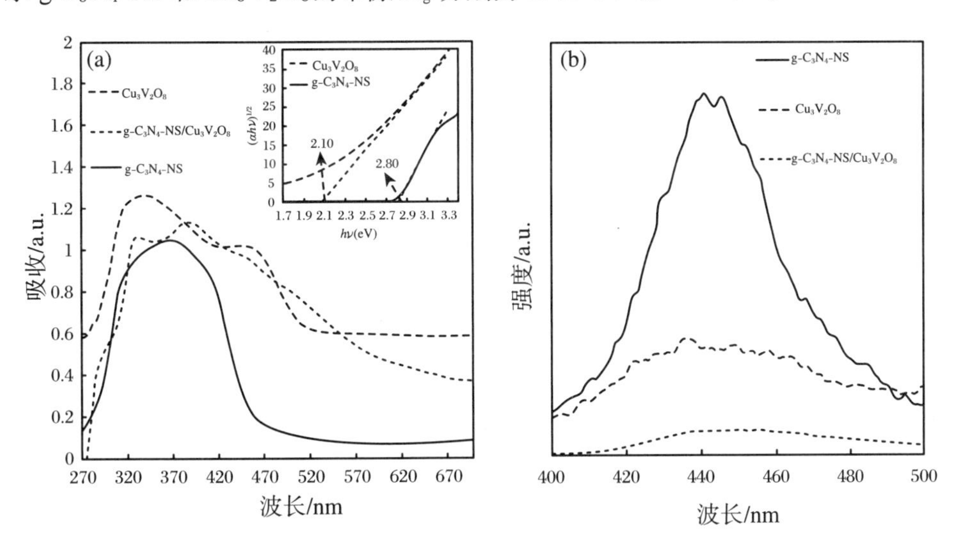

图6.2　紫外-可见反射光谱和光致发光光谱

(a) 紫外-可见反射光谱；(b) 光致发光光谱

引入光致发光光谱(PL光谱)是为了进一步明确半导体光催化剂在光照下的载流子激发、转移和重组的过程。在PL光谱中，较低的峰值强度表明催化剂的光生电子空穴对的分离更有效。图6.2(b)展示了g-C_3N_4-NS、$Cu_3V_2O_8$、g-C_3N_4-

NS/$Cu_3V_2O_8$样品在常温下的PL光谱。与纯g-C_3N_4-NS和$Cu_3V_2O_8$相比，更低的PL光谱强度显示g-C_3N_4-NS/$Cu_3V_2O_8$异质结有效地抑制了光生电子空穴的复合(光生电子空穴对的分离更有效)，同时提高了载流子转移速率。

本节还引入了FESEM、TEM和HRTEM来研究g-C_3N_4-NS/$Cu_3V_2O_8$纳米复合材料的形貌和尺寸。从FESEM和TEM图(图6.3(a)和(b))可以明显看出，热剥离产生的g-C_3N_4-NS是平坦透明的纳米薄片，纳米薄片的优势在于能够减少载流子在材料体内的运输时间；此外，有大量$Cu_3V_2O_8$颗粒分布在g-C_3N_4-NS的表面，$Cu_3V_2O_8$粒径为5～75 nm(图6.3(d))，平均粒径为30.8 nm；从HRTEM图(图6.3(c))可以看出，0.248 nm的晶格间距对应于$Cu_3V_2O_8$的(212)面[181]，0.325 nm的晶格间距对应g-C_3N_4-NS的(002)面[182]。这些结果都证实了$Cu_3V_2O_8$

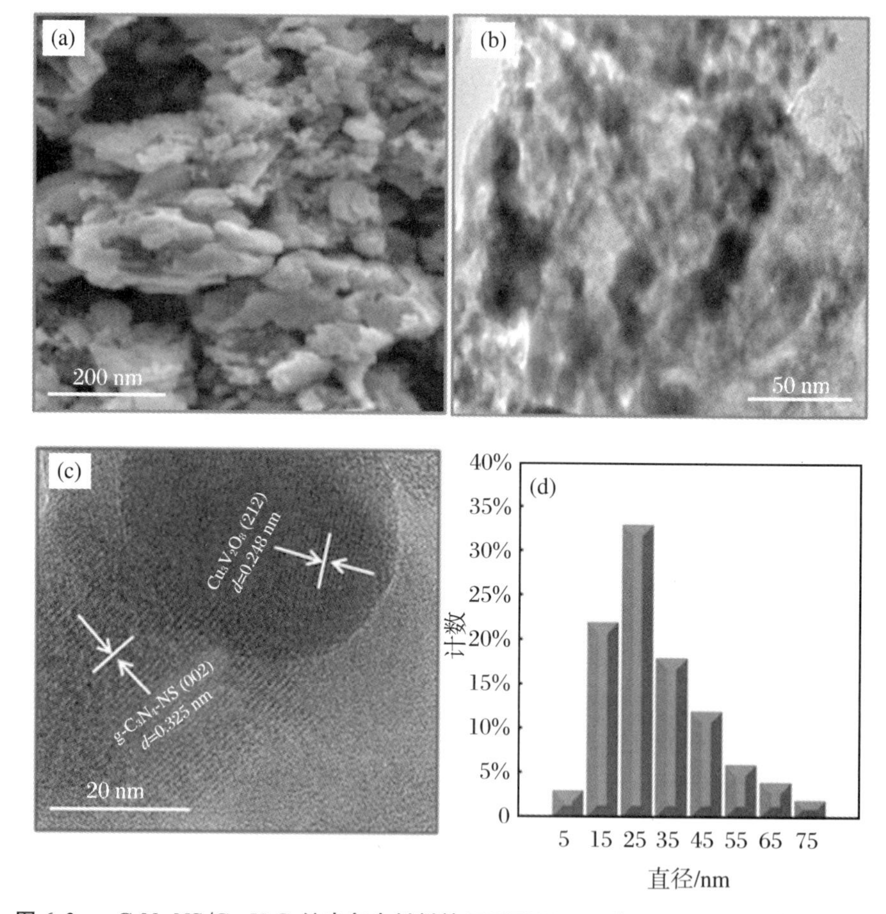

图6.3 g-C_3N_4-NS/$Cu_3V_2O_8$纳米复合材料的FESEM、TEM和HRTEM图及沉积在g-C_3N_4-NS上的$Cu_3V_2O_8$颗粒粒径分布

(a)和(b) FESEM和TEM图；(c) HRTEM图；(d) 沉积在g-C_3N_4-NS上的$Cu_3V_2O_8$颗粒粒径分布

颗粒分布在g-C_3N_4-NS的表面形成了异质结构的g-C_3N_4-NS/$Cu_3V_2O_8$纳米复合材料。g-C_3N_4-NS/$Cu_3V_2O_8$纳米复合材料不仅能有效地促进材料体内电子空穴对的分离，而且缩短了载流子的垂直移动距离，使得载流子能快速迁移到材料表面进行光催化反应，提高材料的量子效率。[183]

本节利用EDX分析来进一步检测样品里所含的元素，结果如图6.4(a)所示。对g-C_3N_4-NS/$Cu_3V_2O_8$的元素分析显示，样品里含有C、N、Cu、V和O元素，且这些元素的质量分数分别为34.2%、45.6%、7.3%、5.3%和7.6%，这证实了纳米复合材料是由g-C_3N_4-NS和$Cu_3V_2O_8$这两种材料形成的。图6.4(b)～(g)显示了g-C_3N_4-NS/$Cu_3V_2O_8$纳米复合材料及其组成元素的EDX映射图，图像中的点代表C、N、Cu、V和O元素，证实合成的g-C_3N_4-NS/$Cu_3V_2O_8$纳米复合材料具有均匀的结构。

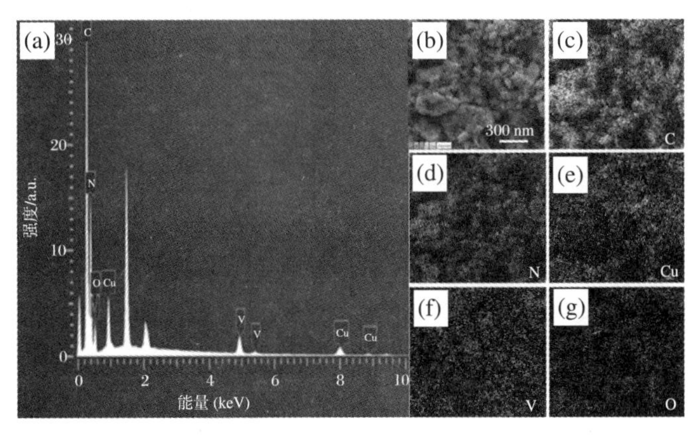

图6.4　制备的g-C_3N_4-NS/$Cu_3V_2O_8$样品的EDX光谱和EDX映射图

(a) EDX光谱；(b)～(g) EDX映射图

本节引入XPS分析来确定光催化剂元素的组成和氧化态。图6.5(a)展示了g-C_3N_4-NS/$Cu_3V_2O_8$纳米复合材料的XPS光谱，光谱以284.8 eV的C 1s峰为基准进行校准。如图6.5(b)所示，g-C_3N_4-NS/$Cu_3V_2O_8$在284.8 eV和287.9 eV处有两个主峰，分别对应于C—C和N—C═N。如图6.5(c)所示，纳米复合材料的N 1s的XPS光谱可以分成结合能为398.9 eV和400.9 eV的两个峰，分别对应于C—N—C和N—(C)$_3$。如图6.5(d)所示，Cu 2p的XPS光谱由四个峰组成。在933.9 eV和953.6 eV处的两个峰分别对应于Cu $2p_{3/2}$和Cu $2p_{1/2}$，而处于944.1 eV和966.0 eV的两个峰则属于Cu^{2+}的特征峰。[184]如图6.5(e)所示，V 2p的XPS光谱可分成结合能为515.5 eV和523.3 eV的两个峰，分别对应于V $2p_{3/2}$和V $2p_{1/2}$。[185]O 1s的XPS光谱(图6.5(f))可以分成结合能为530.8 eV和532.8 eV的两个峰，分别对应于晶格上的氧和催化剂表面吸附的O_2及H_2O。[186]为了进行比较，本节也将g-C_3N_4-NS和$Cu_3V_2O_8$中各元素的XPS光谱绘制在纳米复合材料g-C_3N_4-NS/$Cu_3V_2O_8$中相应元素的对应图上。结果表明，与纯g-C_3N_4-NS相比，纳米复合材料中C 1s和N 1s峰的结合能有所降低；与纯$Cu_3V_2O_8$相比，纳米复合材料中Cu 2p、V 2p和O 1s的峰却向结合能更高的方向移动。纳米复合材料中结合能的变化证实了电子从$Cu_3V_2O_8$向g-C_3N_4-NS的转移。[187]

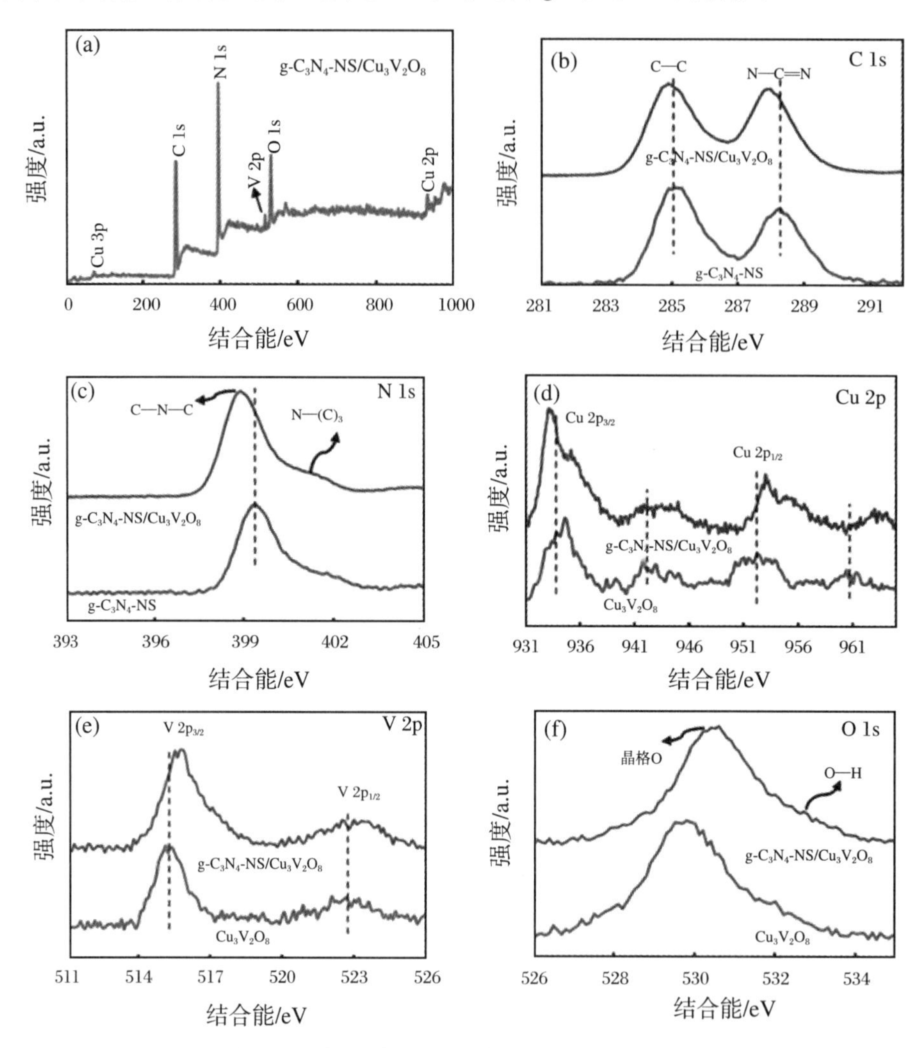

图6.5　g-C_3N_4-NS/$Cu_3V_2O_8$样品的XPS光谱以及g-C_3N_4-NS、$Cu_3V_2O_8$和g-C_3N_4-NS/$Cu_3V_2O_8$样品的C 1s、N 1s、Cu 2p、V 2p和O 1s的XPS光谱

采用N_2吸附-脱附实验对g-C_3N_4-NS和g-C_3N_4-NS/$Cu_3V_2O_8$的比表面积和孔隙率进行了表征。如图6.6所示，样品等温线属于Ⅳ型，磁滞回线属于H3型，说明光催化剂结构中存在中孔。[188]采用Brunauer-Emmett-Teller方法计算得到g-C_3N_4-NS和g-C_3N_4-NS/$Cu_3V_2O_8$比表面积分别为84 m^2/g和138 m^2/g，g-C_3N_4-NS/$Cu_3V_2O_8$的比表面积更大，进而会提供更多的光催化固氮反应活性点。

图6.7(a)测试了样品光催化固氮的性能。在没有光照、催化剂、捕获剂条件下，体系中NH_4^+的浓度为零。当在光催化剂、捕获剂以及光照共同作用下，NH_4^+的产率显著提高。说明在光催化固氮反应体系中，光照、光催化剂和捕获剂缺一不可。从图中可以看出，以g-C_3N_4-NS/$Cu_3V_2O_8$作为光催化剂时在溶液中产生的NH_4^+为3850 μmol/(g・L)，分别是以g-C_3N_4-NS（1500 μmol/(g・L)）和$Cu_3V_2O_8$(890 μmol/(g・L))作为催化剂时NH_4^+浓度的2.6倍和4.3倍。这可能是由于g-C_3N_4-NS/$Cu_3V_2O_8$纳米复合材料内部异质结促进了光生电子空穴对的高效分离，从而提高了光催化固氮性能。

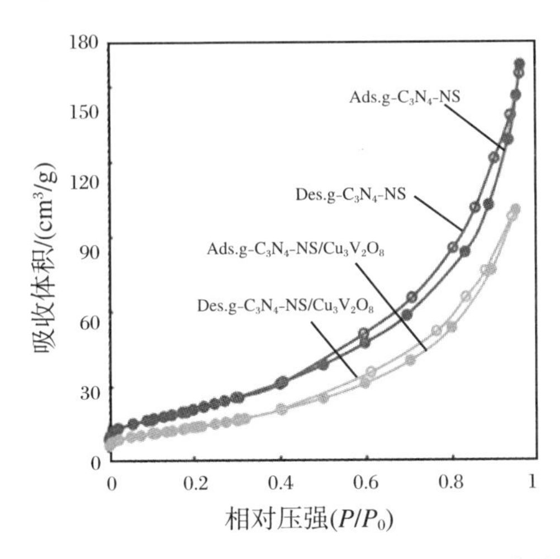

图6.6　g-C_3N_4-NS和g-C_3N_4/$Cu_3V_2O_8$的N_2吸附-脱附等温线

图6.7(b)确认了质子和电子在NH_4^+形成过程中的重要性。我们采用DMF和DMSO作为非质子溶剂代替水来进行光催化固氮反应。[189]由于DMF和DMSO的存在，NH_4^+产量大幅下降，说明质子对固氮反应是必不可少的，在光催化过程中要使用合适的溶剂。此外，本节还利用$KBrO_3$作为电子陷阱，如图6.7(b)所示。当$KBrO_3$加入溶液中捕获电子时，NH_4^+产量也会大大减少。由此可以证明，电子和质子是光催化固氮过程中的重要物质。图6.7(c)说明了pH对g-C_3N_4-NS/$Cu_3V_2O_8$纳米复合材料光催化固氮的影响。如图所示，溶液pH为3时，NH_4^+产生量最大。当pH=2时，纳米复合材料的光催化固氮的性能下降，这一方面是由于纳米复合材料在酸性环境中不稳定；另一方面是由于当pH降低时，酸性介质中多余的质子会增加N_2还原速率。本节还研究了溶液中NH_4^+的产生与含氮原料的关系。如图6.7(d)所示，在通入N_2时，体系产生的NH_4^+的含量是通入空气时的3.68倍。此外，往反应池中加入Ar，溶液中也观察不到NH_4^+的产生。所以，溶液中有氮源是NH_4^+产生的必要条件。

光催化剂的可重复性和稳定性是评价其能否产业化的一个非常重要的指标。

为了测试 g-C_3N_4-NS/$Cu_3V_2O_8$ 纳米复合材料光催化性能的重复性，进行了5次循环实验。如图6.7(e)所示，随着循环次数的增加，纳米复合材料的光催化活性略有降低。经5次循环测试后，实验产生的 NH_4^+ 浓度为3450 μmol/(g·L)，表示所合成的 g-C_3N_4-NS/$Cu_3V_2O_8$ 纳米复合材料具有可重复性。

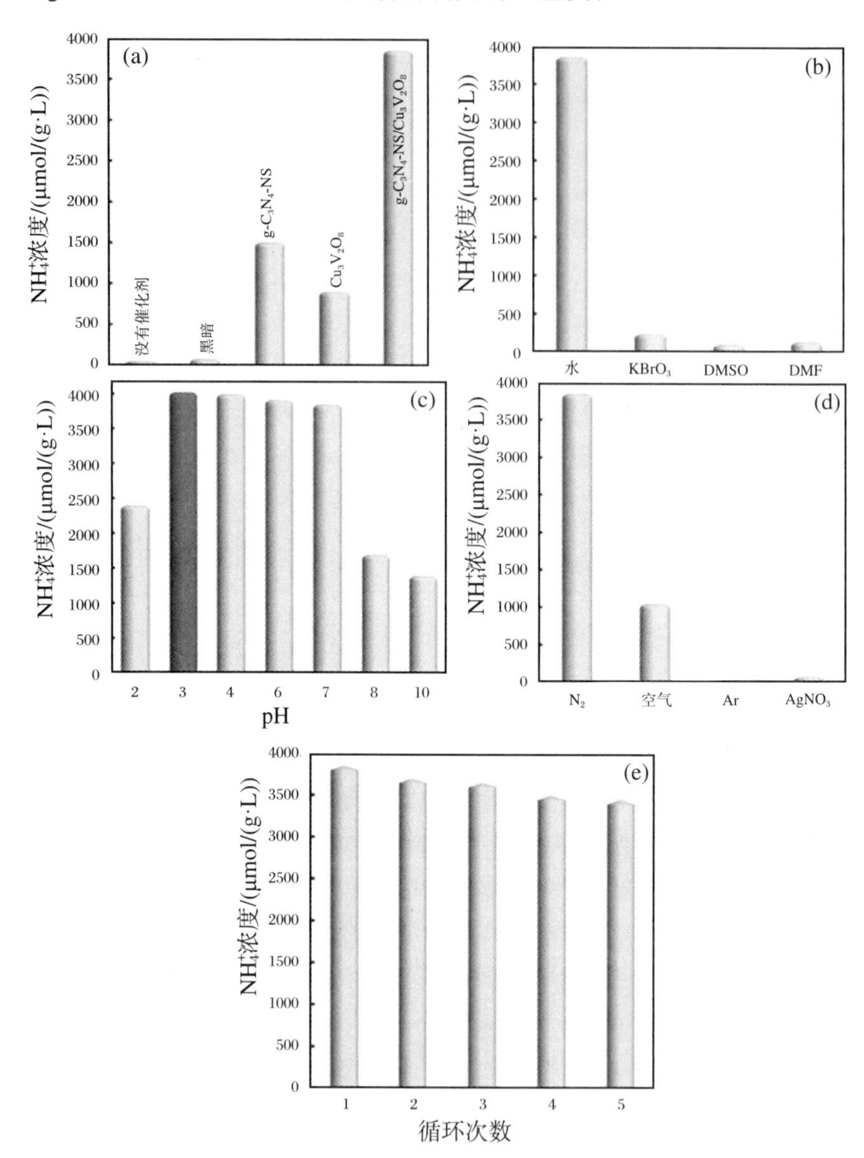

图6.7　不同情况下，g-C_3N_4-NS/$Cu_3V_2O_8$ 光催化性能研究

(a) 所制备光催化剂产生 NH_4^+ 的情况；(b) g-C_3N_4-NS/$Cu_3V_2O_8$ 光催化剂在水、DMSO、DMF 和 $KBrO_3$ 存在下产生 NH_4^+ 的能力；(c) 在不同 pH 情况下 g-C_3N_4-NS/$Cu_3V_2O_8$ 产 NH_4^+ 的情况；(d) 溶液中存在 N_2、空气、Ar 和 $AgNO_3$ 时产生 NH_4^+ 的情况；(e) 对 g-C_3N_4-NS/$Cu_3V_2O_8$ 光催化剂的循环测试

图 6.8(a)显示了样品开关循环模式下的瞬态光电流响应。g-C_3N_4-NS/$Cu_3V_2O_8$纳米复合材料表现出比 g-C_3N_4-NS 和 $Cu_3V_2O_8$样品更高的光电流响应，这可能是由于异质结中更多的电荷分离，在内建电场中电子和空穴实现了有效分离，这提高了电子和空穴的寿命和光催化活性。这里采用了 EIS 研究光催化剂电荷转移电阻。Niquist 曲线的弧半径就明确给出了电荷转移的有用信息。弧半径越小，电荷的运动阻力越小，分离效率越高；反之，弧半径越大，电荷的运动阻力越大，载流子的复合概率越高。[190] 如图 6.8(b)所示，与单相的 g-C_3N_4-NS 和 $Cu_3V_2O_8$ 相比，g-C_3N_4-NS/$Cu_3V_2O_8$纳米复合材料的电弧半径明显减小，展示出较高的电荷转移速率。g-C_3N_4-NS/$Cu_3V_2O_8$纳米复合材料可以促进光生电荷在两个半导体之间的迁移，显著降低了载流子的复合概率。此外，较低的电阻使得产生的载流子很快到达 g-C_3N_4-NS/$Cu_3V_2O_8$ 表面，导致 N_2 的活化。

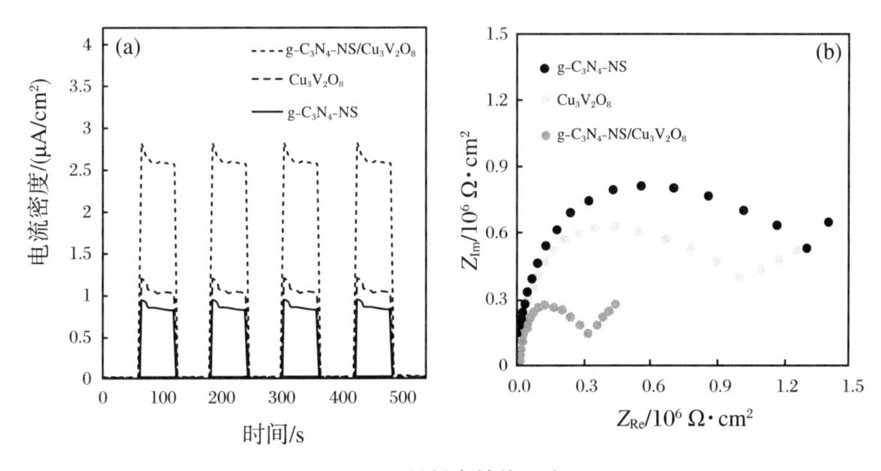

图 6.8　材料电性能研究

综上所述，本节基于能带理论尝试提出了 n-n 异质结纳米复合材料 g-C_3N_4-NS/$Cu_3V_2O_8$界面处的催化机理，如图 6.9 所示。在异质结的形成过程中，费米能级(E_F)的相对位置对能带结构的影响很大。接触前，g-C_3N_4-NS 和 $Cu_3V_2O_8$ 两种材料的费米能级不同；当这两个 n 型半导体接触后，晶格电子将从 g-C_3N_4-NS 流向 $Cu_3V_2O_8$，直到 g-C_3N_4-NS 和 $Cu_3V_2O_8$ 费米能级对齐，一个新的费米能级就形成了。n-n 异质结的形成使得在结合界面区域产生了一个内建电场。在可见光照射下，g-C_3N_4-NS和 $Cu_3V_2O_8$均能激发并产生电子和空穴。内建电场的存在使得电子从 $Cu_3V_2O_8$的 CB 流向 g-C_3N_4-NS 的 CB；反之，空穴由 g-C_3N_4-NS 的 VB 过渡到 $Cu_3V_2O_8$的 VB。因此，电子聚集在 g-C_3N_4-NS 的 CB 上，空穴聚集在 $Cu_3V_2O_8$的 VB 上，阻止了电子空穴对的快速复合，有效地分离了电子空穴对。此外，转移到 g-C_3N_4-NS CB 中的电子具有足够的负电能将 N_2 还原为 NH_3($E^{\ominus} = -0.092$ V)；[191] 转移到 $Cu_3V_2O_8$ VB 上的空穴具有足够的正电位来氧化水分子($E^{\ominus} = +1.23$ V)[192]，

从而为 N_2 固定过程提供质子。

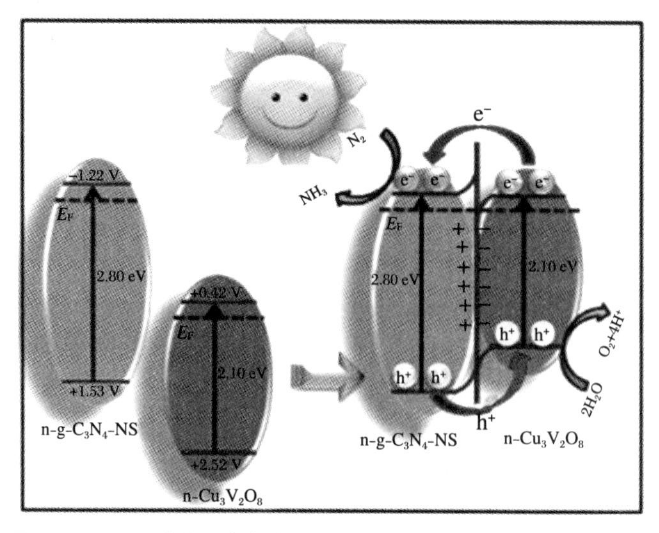

图 6.9　n-n 异质结纳米复合材料 g-C_3N_4-NS/$Cu_3V_2O_8$ 的催化机理

最后，将 g-C_3N_4-NS/$Cu_3V_2O_8$ 纳米复合材料的光催化性能与其他 g-C_3N_4-NS 基的光催化剂进行了比较[193-199]（表 6.1），本章制备的 n-n 异质结纳米复合材料的光催化活性与其他光催化剂相当。因此，我们认为 g-C_3N_4-NS/$Cu_3V_2O_8$ 在未来工业化道路上具有广阔的应用前景。

表 6.1　材料的光催化性能比较

催化剂	光源	实验条件	NH_4^+ / NH_3 产量	文献
g-C_3N_4-NS/$Cu_3V_2O_8$	500 W Xe	催化剂：0.08 g N_2 速度：20 mL/min	NH_4^+ 浓度： 3850 μmol/(L・g)	本章
Fe_2O_3/g-C_3N_4	300 W Xe	催化剂：0.04 g N_2 速度：20 mL/min	NH_3 产量： 47.9 mg/(L・h)	[193]
$ZnFe_2O_4$/Fe 掺杂 g-C_3N_4	500 W Xe	催化剂：0.015 g N_2 速度：40 mL/min	NH_4^+ 浓度：50 mg/g	[194]
S 掺杂 g-C_3N_4	500 W Xe	催化剂：0.02 g N_2 速度：50 mL/min	NH_3 产量： 47.9 mmol/(h・g)	[195]
Ru 量子掺杂 g-C_3N_4	300 W Xe	催化剂：0.01 g N_2 速度：50 mL/min	NH_3 产量： 20.55 μmol/g	[196]
MnO_{2-x}/ g-C_3N_4	300 W Xe	催化剂：0.01 g	NH_3 产量： 225 μmol/(g・h)	[197]

续表

催化剂	光源	实验条件	NH_4^+ / NH_3产量	文献
g-C_3N_4/ZrO_2	300 W Xe	催化剂：0.1 g	NH_3产量：1446 μmol/(L · h)	[198]
Ag/B 掺杂 g-C_3N_4	300 W Xe	催化剂：0.02 g	NH_3产量：5.19 mg/h	[199]

本章小结

本章采用了一种简便的煅烧合成方法制备了新型 g-C_3N_4-NS/$Cu_3V_2O_8$纳米复合材料，并首次将其用于可见光下 N_2固定实验，在其光催化下，NH_4^+ 的生产能力为 3850 μmol/(g · L)，分别是单相 g-C_3N_4-NS 和 $Cu_3V_2O_8$的 2.6 倍和 4.3 倍。本章采用了综合表征技术对制备的样品性质进行了深入研究。HRTEM 分析表明，g-C_3N_4-NS与 $Cu_3V_2O_8$之间形成了一个异质结，该异质结能促进光生电子和空穴的转移；电化学实验研究表明，复合材料的电荷传输电阻很低，说明光生电子空穴得到了迅速分离。实验中还使用非质子溶剂代替水以及使用溴酸钾作为电子捕获剂，两种情况下 NH_4^+ 的产量均有降低，说明质子和电子在 N_2 固定实验中起到了非常重要的作用。最后对制备的纳米复合材料进行了 5 次循环测试，发现 5 次测试后 g-C_3N_4-NS/$Cu_3V_2O_8$仍然稳定，并表现出良好的光催化性能。本章还提出了基于 n-n 异质结的光催化机理，认为在异质结界面处形成的内建电场以及适当的能带结构显著提高了光生电子空穴对的有效分离，增加了载流子的寿命，从而增加了 NH_4^+ 的产量。

本章提供了一个高效、高稳定、低成本的光催化剂的设计，有助于规划未来的工业应用。

第7章　基于结构设计提高光催化性能的进展

半导体光催化技术是解决能源危机和环境恶化的一种很有前景的方法，同时也是过去10年纳米材料领域研究的热点，研究内容主要包括它对污染物的降解、分解水产氢以及对CO_2的还原形成碳氢化合物燃料等。为了提高半导体光催化剂的光催化效率，研究者们提出了大量的策略，这些策略主要是从提高催化剂对可见光吸收范围和减少半导体光生电子空穴复合率这两方面入手。本章主要综述异质结半导体催化剂在形貌和结构设计上的一些新的进展以及这些设计对半导体材料光催化效能的提高作用；最后讨论一下光催化剂未来发展的挑战和前景。

在过去的几十年里，能源转化和环境保护问题在全球范围内都受到了广泛关注。为了解决化石燃料的能源危机和持续的环境污染问题，制备可再生能源和开发修复环境的友好材料是非常重要的。在众多的可再生能源解决方案中，半导体光催化技术被认为是非常实用、有前景的技术之一。太阳光是地球上取之不尽的清洁能源，充分利用它是解决目前世界范围内的能源危机和环境污染最有前景的方式。光催化分解水被认为是最具挑战性的难题，一旦其效率取得突破，将影响世界能源格局。实现这个突破的关键是构筑高效的光催化或光电催化体系，进而大幅提高材料的光解水性能。自1972年发现TiO_2电极光催化分解水制氢以来，经过五十多年对光催化剂和光催化反应过程的研究，发现光催化效率主要取决于光生载流子的激发、光生电子空穴对的分离和传输、活性点上的氧化还原反应这三个过程的协同作用[200]，如图7.1所示。而这三个过程中包含一些关键科学问题：提高光催化剂吸光效率和对光谱的响应范围；光生载流子的定向输运和有效分离；增强反应活性点的氧化还原能力等。目前，人们还缺乏对催化过程中各环节作用的深刻认识，光催化材料效率还有待提高。[201-202]

为解决上述问题，过去10年里人们从以下方面进行努力，并取得了丰硕的研究成果：① 通过改变材料的微结构来改善材料的吸光效率；将等离激元共振材料、光敏化材料、窄带隙半导体材料等进行复合来拓宽材料的光谱响应范围，构建宽频光催化材料。[203-205] ② 从形貌和界面工程出发，通过调节材料的形貌尺寸来缩短光生载流子迁移到材料表面的距离[206-207]，减少载流子在材料体内的复合。③ 担载助催化剂，如贵金属Pt、Pd、Ag等，通过缩小贵金属至原子尺寸实现单原子催化来最大化催化剂的利用率和反应效率等。[208-210]这里我们重点从材料的微观形貌、异质结的构筑等方面来介绍一些最新的研究成果。希望本章的综述能为未来高效光催化剂的发展提供一些有价值的指导和启发。

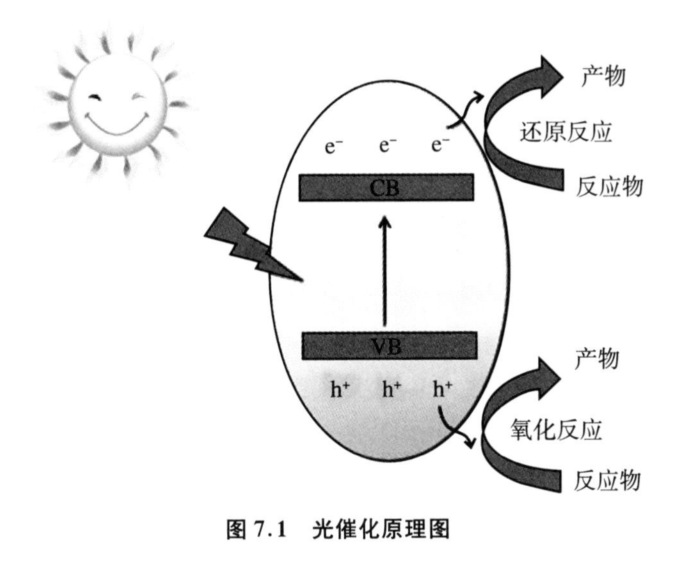

图 7.1　光催化原理图

7.1　微观形貌设计

众所周知，大多数材料的物理和化学性能强烈依赖于它们的形貌和结构。在过去的几十年里，控制光催化剂的形貌被认为是提高光催化效率非常有效的途径之一。本节对光催化性能与材料形貌特征之间的关系进行了综述，包括对单原子催化，一维、二维和三维材料的光催化活性的讨论。

7.1.1　单原子催化

对材料光催化活性的研究中，光生电子和空穴的复合是一个比较基础的问题，它明显降低了材料的光催化性能。[211]如果载流子能快速迁移到半导体表面，这将会大大降低半导体中电子空穴的复合概率。[212-213]因此，减小半导体光催化剂的粒径，缩短载流子的迁移路径，是延长电子空穴寿命的有效途径。例如，量子尺寸的二氧化钛（Q-TiO_2）粒子是由 Wang 等[214]通过一种简便的微波辅助方法制备的，样品的量子尺寸和高比表面态使得电子空穴分离效率变高。因此，量子尺寸的二氧化钛粒子在可见光下对细菌消毒和罗丹明 B（Rh B）降解具有显著增强的光催化性能。

近年来,单原子催化剂已成为光催化领域的一个前沿热点。在光催化过程中,不饱和金属原子通常是活性中心,如果将催化剂颗粒缩小到原子尺寸大小,就可从根本上提高每个金属原子的活性度。制作单原子催化剂是将单个金属原子沉积在基底上,这样可以最大限度地利用每个金属原子,从而使催化剂的效率最大化。此外,为了获得更好的光催化性能,一般将贵金属原子作为助催化剂加载在基底上。例如,Li 等制备了一种新型的光催化剂,将 Pt 单原子嵌入二维 g-C_3N_4[208] 的纳米片中。分散在 g-C_3N_4纳米片上的 Pt 原子非常稳定,可以最大程度地参与催化过程,提高催化剂的性能。如图 7.2 所示,Pt 单原子作为助催化剂分解水的产氢率是 Pt 纳米粒子的 9.6 倍,是纯 g-C_3N_4纳米片的 50 倍。通过超快瞬态吸收(TA)光谱测试,研究者发现 Pt/g-C_3N_4(~433 ps)的电子平均寿命大约为纯 g-C_3N_4(~237 ps)的 2 倍,这表明 Pt 单原子修饰 g-C_3N_4的电子阱态可以提供更多的光生电子参与制氢反应。因此,g-C_3N_4光催化性能的显著提高可以归因于分散的 Pt 原子给电子提供的快速转移通道和对 g-C_3N_4表面阱态的改变。此外,Gao 等通过理论计算[215]研究了 Pt/ g-C_3N_4和 Pd/g-C_3N_4的单原子催化剂对 CO_2的还原作用。在 CO_2还原过程中,金属原子 Pt 和 Pd 作为活性点,均表现出优异的光催化活性。

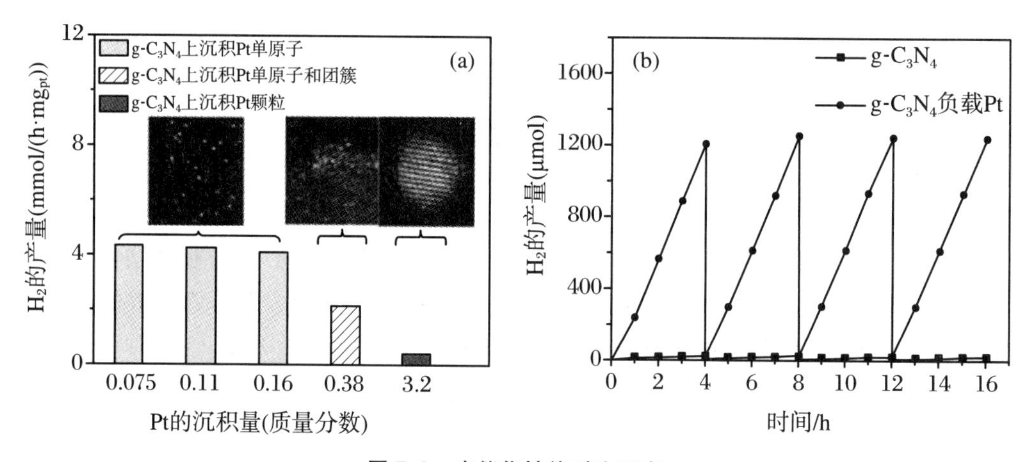

图 7.2 光催化性能对比研究

(a) g-C_3N_4 负载一定量的 Pt 颗粒与负载 Pt 单原子的光催化性能对比;(b) g-C_3N_4 与 g-C_3N_4 负载 Pt 单原子在紫外光下的催化制氢效率对比

为了降低单原子催化的成本,研究者们引入非贵金属原子作为助催化剂。非贵金属的单原子催化与贵金属的单原子催化一样,都能提供一个个单点的活性点,在光催化过程中表现出较高的活性。例如,非贵金属原子(Fe、Co、Ni)沉积到基底上就表现出比普通材料更高的光催化性能。[216-217]然而,非贵金属的单原子催化活性远远低于贵金属单原子的催化活性,因此远不能满足我们的要求。即便如此,非贵金属原子催化仍是解决贵金属催化剂稀少问题的最佳选择。此外,单原子催化也有一些问题需要解决。随着金属颗粒尺寸的减小,原子的表面自由能急剧增加,将导致原子迅速聚集成团簇或大颗粒，因此对基底的选择非常重要，合适的载体能与孤立原子发生强相互作用，这种作用将阻止单原子的运动和聚集。

7.1.2　一维纳米催化剂

由于特殊的电子和光学性质，一维(1D)纳米材料(线、棒和带)在光催化中的应用也受到了极大的关注。大量研究人员对一维材料的纳米结构进行优化，以提高其光催化活性。据报道，增加一维纳米材料的纵横比通常会提高它的光催化活性。[218] 例如，Sharma 通过热分解醋酸锌制备了一维的 ZnO 纳米棒。[219] 通过控制合成温度，得到不同纵横比的 ZnO 纳米棒，研究发现，纵横比的增加通常会导致其催化效率的提高，即其光催化活性提高了(图 7.3(a))。其他在这方面的研究还包括 Sb_2S_3[220]、CdS[221]、TiO_2[222] 的一维纳米结构，这些都是通过增加纵横比提高了材料的光催化活性。此外，一维纳米结构能够引导电子向轴向流动，可应用于功能电子器件的有序排列。

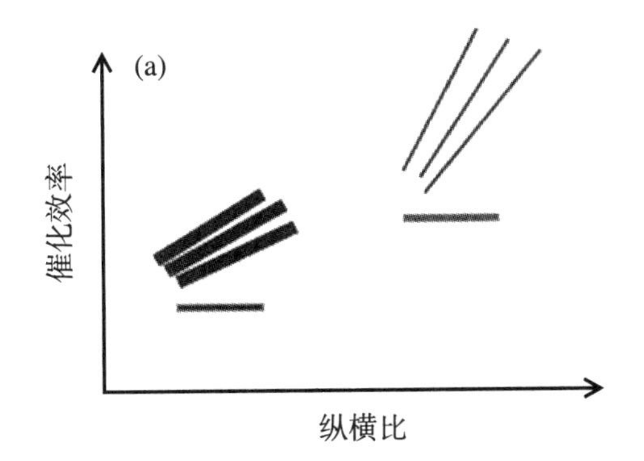

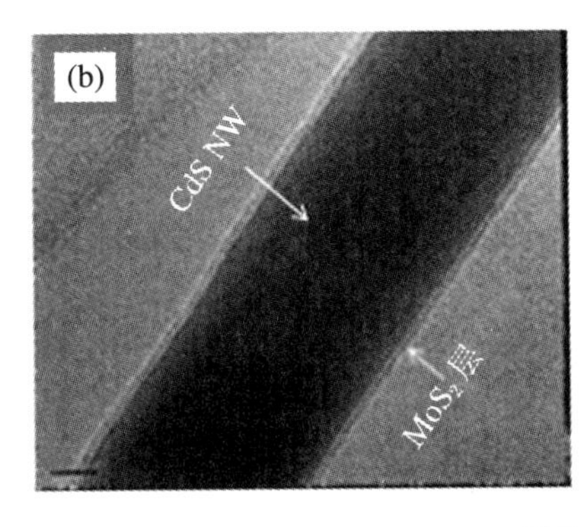

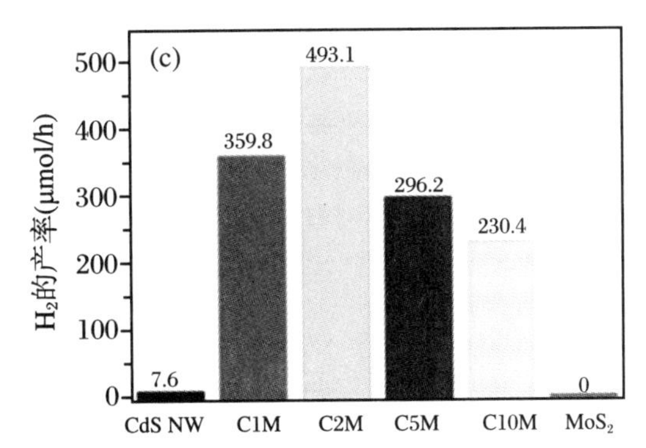

图 7.3　一维纳米催化剂

(a) 纳米棒纵横比对催化活性的影响；(b) 1D CdS@5% MoS_2 核壳纳米线的 TEM 图；(c) 不同样品在 4 h 可见光照射下光催化产氢活性的比较

虽然一维纳米材料具有优异的光催化性能，但单组分材料依然很难表现出非常优异的催化活性。因此，一维非均相纳米结构因其在光催化过程中的协同作用而受到研究者的青睐。[223]这里主要介绍一维同轴异质纳米结构，由于壳和核之间发生不同化学物质的相互作用，其可表现出明显提高的光催化活性。[224-225]例如，Han[226]通过简单的水热法合成了一维 CdS@MoS_2（CM）核壳纳米线。由于一维 CM 纳米线合适的能带位置和壳核之间紧密的同轴界面接触，有效地促进了电子和空穴的分离，所以其展现出极大的光催化产 H_2效能（图 7.3(b)、(c)）。该研究为合成一维同轴异质纳米光催化剂用以促进太阳能的转化提供了一个切实可行的实例。

7.1.3 二维材料

在近些年，对二维（2D）纳米材料的研究也非常广泛。二维纳米结构超薄的厚度和大的比表面积，使其具有优异的化学和物理特性。[227]超薄的二维纳米结构具有更短的载流子传输距离，减少了电子和空穴复合概率，从而产生较高的量子产率。[206]此外，二维催化剂通常具有更多的空位类型缺陷和暴露的边缘活性点。这些优势有利于光生载流子的分离和目标污染分子的吸附活化。科学家们已经发现了大量的二维纳米材料，目前报道的二维光催化剂主要有 C_3N_4、Fe@石墨烯和 MoS_2、TiO_2、铋基材料、层状双金属氢氧化物等。按晶体结构，二维催化剂大致可分为两类：① 层状材料，在平面内具有很强的侧向化学键，但在平面间表现出较弱的范德瓦耳斯相互作用；② 非层状材料，在所有三维空间形成强的原子键。[207]与传统的零维和一维纳米结构相比，二维纳米片层具有原子级清洁的界面，免除了表面悬挂键的困扰，保证了优异的电荷传输性能。

自 2004 年 Novoselov 成功制备单层石墨烯以来[228]，各种其他二维层状光催化材料就相继出现，包括过渡金属二卤代化合物[229]、二元氮化碳、六方氮化硼[230]。与其他二维层状光催化材料相比，g-C_3N_4和 MoS_2因其良好的光催化性能而备受关注。作为类石墨烯材料，g-C_3N_4是一种介质带隙半导体，具有良好的可见光响应（波长高达 460 nm）。此外，g-C_3N_4价廉、稳定、制备简便，在各种光催化应用中均表现出优异的性能。[231-232]例如，Song 等通过简单的方法——加热尿素，制备了多孔 g-C_3N_4纳米片，多孔纳米片的比表面积大，对 Rh B 染料具有很强的吸附性能。此外，大量的纳米孔也提供了很多的活性点和液体流动通道，加快了反应速度，促进了光催化进程。二维 MoS_2材料也是一种优异的光催化材料，但大块 MoS_2却表现出较低的光催化性能，它的氧化还原电位不足以激活光催化过程。[233]然而，由于量子限制效应，MoS_2纳米片具有约 1.96 eV 的直接带隙，这使得它可以吸收更多的可见光。[234]此外，单层 MoS_2片具有更多金属边缘位点，可以提高其导电性[235]，

这也有助于 MoS_2 纳米片的催化性能的提高。

二维非层状纳米材料有很多，如 WO_3、ZnO、ZnS、TiO_2。TiO_2 无疑是研究最广泛的光催化材料，人们对它的光催化研究取得了巨大的进展。TiO_2 有三种常见晶型（金红石、锐钛矿、板钛型），其中锐钛矿是二维结构中最常见的晶体结构。[236] 有研究发现，二维 TiO_2 材料的特定晶面会显著影响它的光催化活性。具有表面能为0.98 J/m^2 的（001）面，会表现出比（101）面（0.49 J/m^2）和（100）面（0.58 J/m^2）更高的反应活性[237]，但最大化暴露（001）面并不是提高光催化活性的好方法。（001）和（101）面适当的暴露比例才能促进电子和空穴在这两个面之间的转移，避免载流子在某一个面上积累而导致的复合。[238]

7.1.4　三维材料

这里主要介绍三维纳米结构中的三维层状结构和三维介孔纳米结构。三维层状结构如花状结构、网状结构和树枝状结构，大多是由低维结构单元自组装而成的。这些具有大比表面积的三维层状纳米结构和互通的多孔结构都有助于反应物的吸附和阳光的收集，所以合成三维纳米材料并将其应用于光催化过程被广泛地研究。此外，三维纳米材料作为基底，也易于担载其他成分的半导体材料而形成异质结催化剂，三维异质结催化剂在光催化领域更是应用广泛。

近些年对三维纳米材料在光催化方面的研究有很多。例如，Yu 以尿素为形态导向剂[239]，通过水热法制备了三维海胆样的锐钛矿 TiO_2 纳米材料。与商用的锐钛矿 TiO_2 相比，海胆样的 TiO_2 对 MO 和苯酚具有更强的光降解性能（图 7.4）。此外，Miao[240] 通过简单的表面活性剂辅助水热路径成功制备了两种三维花状的 ZnO 纳米材料（玫瑰状和绣球花状）。与 ZnO 纳米颗粒相比，两种花状的纳米结构对 RhB 的降解具有更高的光催化性能和更好的循环稳定性，这可能是由于三维层状的纳米材料比表面积大于纳米颗粒（图 7.4）。其他还有很多类似的研究，包括 BiOBr、Bi_2WO_6 和 $Bi_2O_2CO_3$ 层状结构也表现出了出色的光催化性能。[241-243] 但是，单一组分的材料始终很难具有极其优异的光催化活性，因此很多研究者将三维层状纳米材料作为基底，在其表面上沉淀其他具有合适带隙的半导体材料，形成三维异质结光催化剂。研究表明，除了三维层状结构外，三维互联介孔 TiO_2（锐钛矿）也具有较好的催化性能。[244] 首先采用表面活性剂和无机前驱物同步合成介孔锐钛矿二氧化钛-二氧化硅纳米复合材料，然后去掉二氧化硅只留介孔二氧化钛。如图 7.5(a)所示，介孔之间相互连接，形成了大量完整和规律排列的微纳米通道。经光催化测试发现，介孔 TiO_2 的光催化活性大大提升，对酸性红 1（AR1）的降解效率是 P25 的近 41.6 倍（图 7.5(b)）。这种 TiO_2 纳米材料具有大量的介孔和较大的比表面积，这对光催化性能的提高起着关键作用。

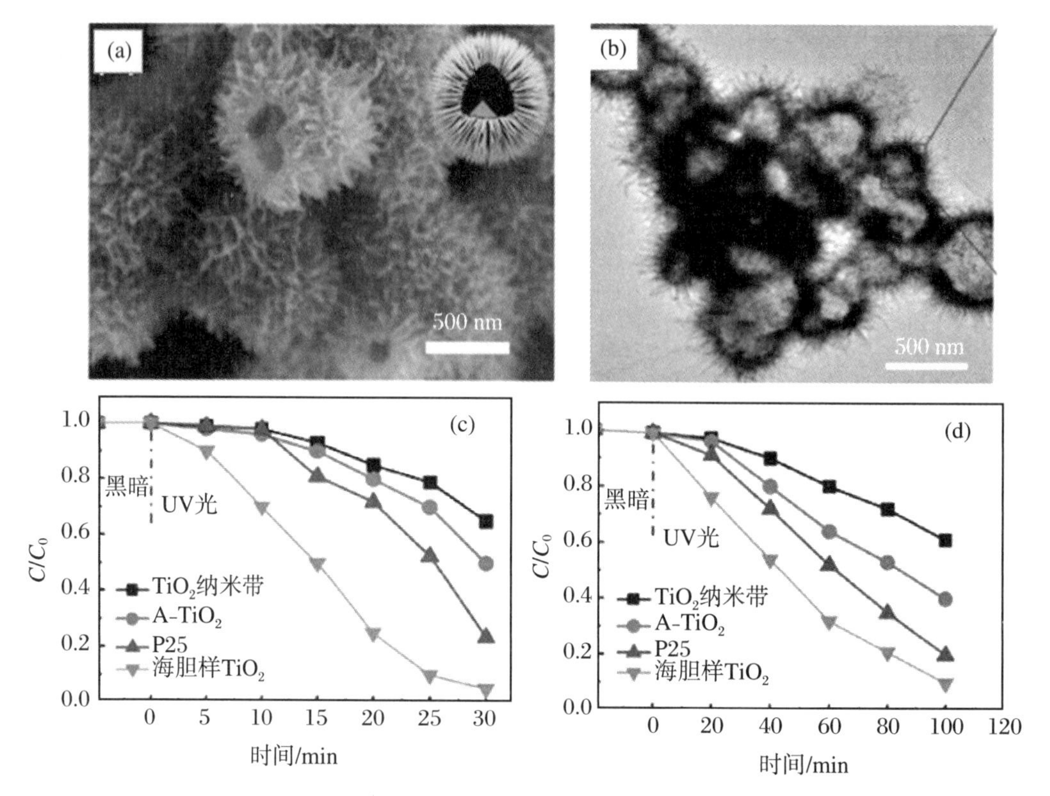

图 7.4　三维纳米材料海胆样 TiO_2

海胆样 TiO_2 样品的(a)扫描电镜图和(b)透射电镜图；UV 光照射 TiO_2 纳米带、商用 A-TiO_2、P25 和海胆样 TiO_2 对(c)MO 和(d)d 酚降解效率图

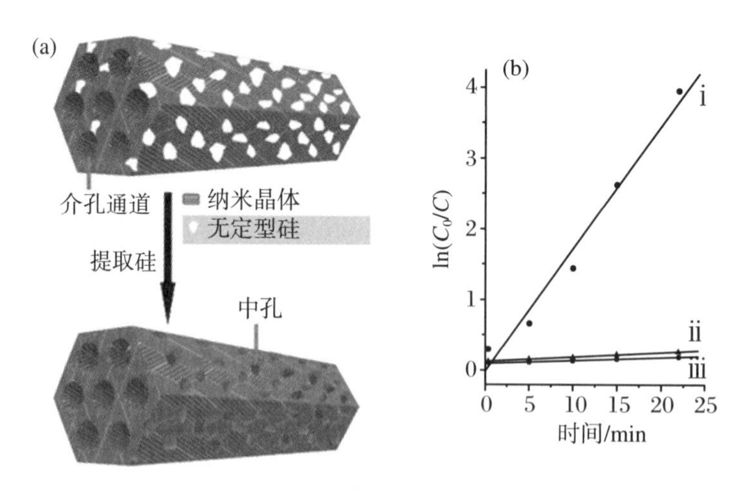

图 7.5　三维互联介孔 TiO_2

(a) 三维互联介孔锐钛矿 TiO_2 的形成方案；(b) 紫外光照射下样品对 AR1 的光催化降解率：(i) 三维互联介孔 TiO_2，(ii) P25 光催化剂，(iii) 母样二维介孔 TiO_2-SiO_2 纳米复合材料

7.2　异质结的构筑

经过多年广泛且深入的研究，运用光催化技术目前仍难以高效廉价地利用太阳能。它主要存在两方面的问题：其一，太阳能的利用率低；其二，光生电子和空穴的复合导致量子产率降低。要解决这两方面的问题，一是需要对光催化材料的形貌进行改变，这一点在前面已经详述；二是可以在现有单一组分的光催化材料上沉淀一定量的其他组分，形成异质结催化剂以扩大光的吸收范围和促进载流子的分离。由于异质结构光催化剂具有可控的能带结构和高的电子空穴分离效率，所以性能优于单组分材料。我们简要总结近年来各种异质结光催化剂的研究成果，其中包括半导体-半导体异质结、z 型光催化、等离激元异质结。

7.2.1　半导体-半导体异质结

首先介绍的是半导体-半导体异质结催化剂。所有半导体-半导体异质结可根据其导带和价带位置分为三种。第一种是Ⅰ型异质结催化剂。如图 7.6(a)所示，半导体 2 的价带和导带均位于半导体 1 的带隙内。这种结构会导致光生电子空穴都从半导体 1 转移到半导体 2 上。由于电子和空穴都聚集在同一半导体上，所以在Ⅰ型异质结中电子空穴对并不能有效分离。例如，Zhu 等在不同的退火气氛下，通过简单的一步法制备了装饰在排列良好的 C_3N_4 纳米管（NTs）上的 CoO_x（CoO 和 Co_3O_4）纳米颗粒的可控异质结。[245] 根据带边电位和 KPFM 测试，Co_3O_4/ C_3N_4 纳米结构被确定为Ⅰ型异质结。在该研究中，电子和空穴从 C_3N_4 转移到 Co_3O_4 并快速重组，其水裂解制氢的光催化活性低于 CoO/g-C_3N_4（Ⅱ型异质结）。第二种是Ⅱ型异质结催化剂。在Ⅱ型异质结中，半导体 1 的导带和价带边均高于半导体 2（图 7.6(b)）。光生电子将从半导体 1 的导带迁移到半导体 2 的导带，而空穴将从半导体 2 的价带迁移到半导体 1 的价带，这就使得两个半导体上产生的空穴和电子得到了有效的分离。此外，Ⅱ型异质结光催化剂由于带隙宽度合适，还能大大提高对太阳光的吸收范围，提高对太阳光的利用率。在过去的几十年里，研究者们在设计各种Ⅱ型异质结以提高材料的光催化活性方面做了广泛的研究。[246-248] 例如，Zhang 等利用静电纺丝技术制备了 TiO_2/SnO_2 型异质结用来光催化降解亚甲基蓝。[249] 与单一组分的 TiO_2 纳米纤维相比，TiO_2/SnO_2 复合材料对亚甲基蓝的光催化活性明显提高。此外，Chen 等通过化学沉淀法将 Ag_2O 纳米颗粒沉积在

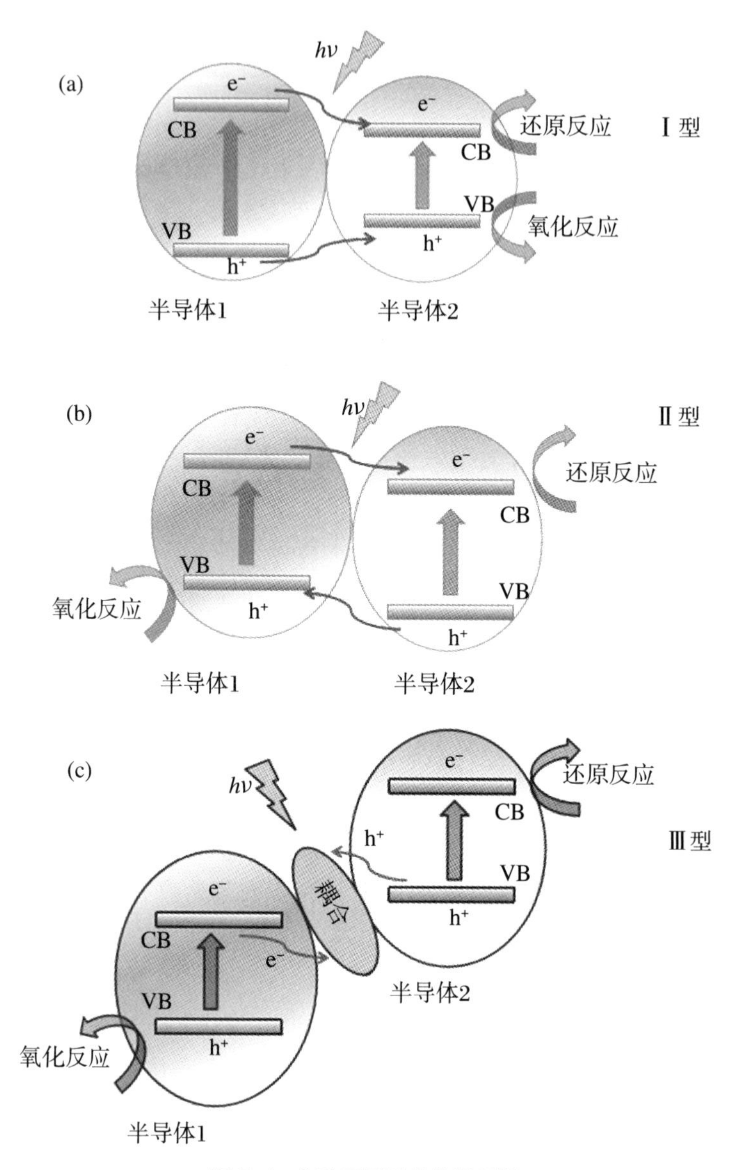

图 7.6　各种不同结构的异质结

Bi_2WO_6 微球表面，合成了Ⅱ型异质结催化剂 Ag_2O/Bi_2WO_6。[250]研究发现，Ag_2O/Bi_2WO_6 异质结对 Rh B 的降解率远远高于单一组分的 Bi_2WO_6 或 Ag_2O 光催化剂。Hao[251]在不添加任何添加剂的情况下，通过简单煅烧合成了介孔 $g\text{-}C_3N_4/TiO_2$ 异质结光催化剂，实验表明，$g\text{-}C_3N_4/TiO_2$ 复合材料降解 Rh B 的反应速率常数(k)为 47.8×10^{-3}/min，远高于纯 TiO_2(6.6×10^{-3}/min)和 $g\text{-}C_3N_4$(15.2×10^{-3}/min)。光催化性能的提高是由于介孔纳米结构的大表面积和Ⅱ型 $g\text{-}C_3N_4/TiO_2$ 异质结诱导的电子和空穴的有效分离。然而，光生电子和空穴并不总是按照

Ⅱ型异质结所表现的方式转移。在某些情况下，光生电子空穴会从半导体2的导带转移到半导体1的价带上结合形成z型光催化，这部分内容将在后面详细阐述。第三种是Ⅲ型异质结催化剂。Ⅲ型异质结由两个半导体耦合，其中一个半导体的导带和价带位置均低于另一个半导体(图7.6(c))。通常情况下，光生电子和空穴很难在这两种半导体之间转移，所以Ⅲ型异质结不利于电子空穴对的分离，也无法表现出优异的光催化性能。

7.2.2　z型光催化

如前所述，设计异质结构光催化剂体系(一般为Ⅱ型异质结)被认为是提高光催化效率非常有效的方法之一。然而，受激电子和空穴的转移导致它们在新的反应位点上的氧化还原能力减弱，所以传统异质结难以获得优异的光催化性能。因此，探索一种更加独特的光催化体系来显著提升光催化性能十分重要。z型光催化剂由两个相连接的光催化剂(PS Ⅰ和PS Ⅱ)组成，其优点是在光催化过程中赋予电子和空穴较强的还原/氧化能力。[252]根据其构建方式，z型光催化剂大致可分为三类：① 带有氧化还原介质；② 无电子介质；③ 带有固体电子介质。

带有氧化还原介质的z型光催化剂由两种不同的半导体(受体(A)/供体(D))组成。[253]两个半导体之间不存在任何物理接触(图7.7(a))。许多研究表明，在这

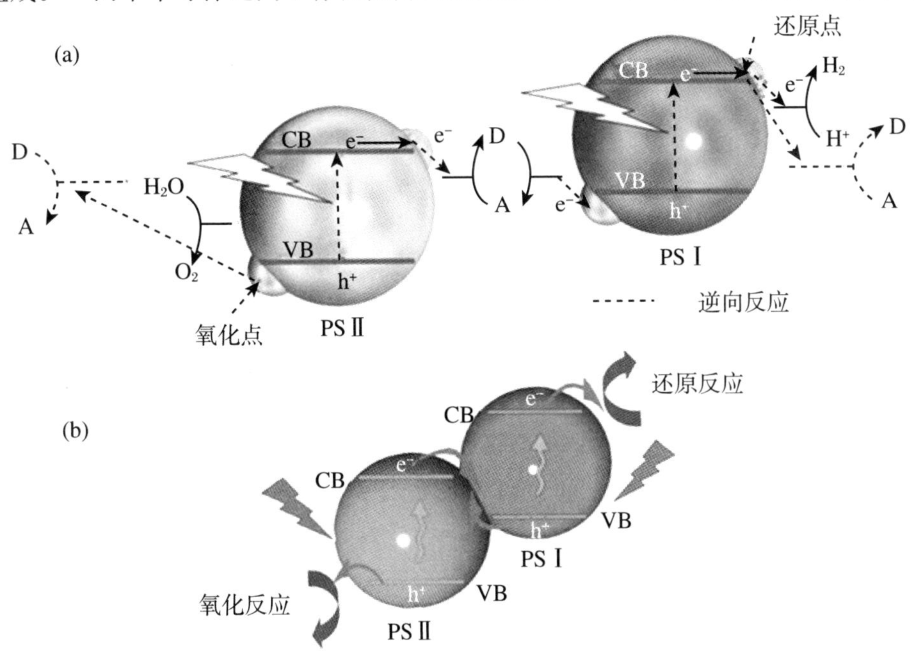

图7.7　z型光催化剂

(a) 带氧化还原介质的z型光催化剂的正向反应和逆向反应；(b) 直接z型光催化剂示意图

种z型光催剂中很难同时生成H_2和O_2，因为电子受体(A)和供体(D)分别与PS Ⅰ中导带上的电子和PS Ⅱ中价带上的空穴发生反应，使得光生电子和空穴的数量急剧减少。此外，这种z型光催化剂还会产生其他一些负面影响。比如氧化还原介质对可见光的强烈吸收，导致半导体光催化剂对光的吸收减弱；氧化还原介质还很难保持长期的稳定和活性状态，这将影响材料的光催化反应性能。[205] 为了克服上述缺点，研究者们对无氧化还原介质的直接z型光催化剂进行了大量研究。[254-257] 如图7.7(b)所示，在异质结界面上，PS Ⅱ中导带上的光生电子与PS Ⅰ中价带上的空穴结合，导致更多的空穴可以保留在更低的价带上(PS Ⅱ)以及更多的电子可以处于更高的导带上(PS Ⅰ)，这种情况无疑是增强了空穴的氧化性和电子的还原性，从而大大提高了光催化效率。例如，Zhou等将CdS纳米颗粒沉积在$BiVO_4$纳米线($CdS/BiVO_4$)上成功制备了一种直接z型光催化剂。[258] 如图7.8(b)所示，质量比为1∶2的$CdS/BiVO_4$光催化产氢速率是纯CdS的3倍。此外，经过5 h太阳光辐照，由于光腐蚀，纯CdS纳米粒子产氢速率下降了近53%，而$CdS/BiVO_4$

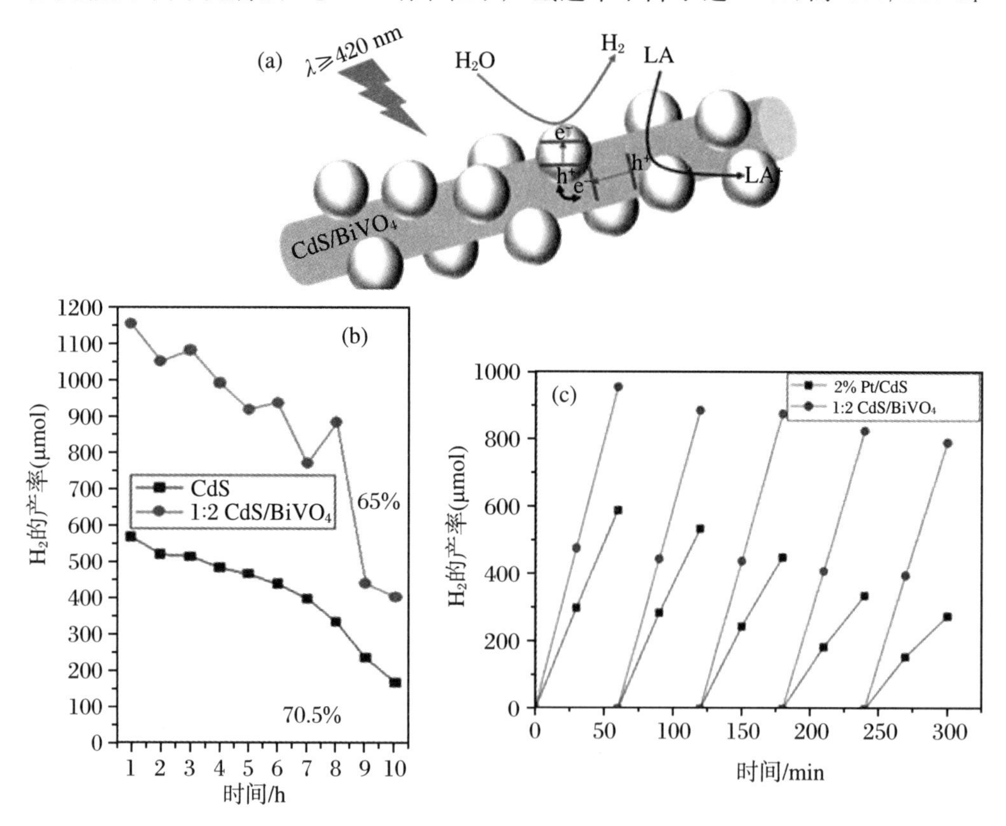

图7.8　$CdS/BiVO_4$光催化

(a) 可见光下$CdS/BiVO_4$光催化产生氢的机理示意图；(b) 可见光照射10 h下，CdS和1∶2 $CdS/BiVO_4$的光催化产生氢性能；(c) 可见光照射下，在1 mol/L Na_2SO_3溶液中，2% Pt/CdS和1∶2 CdS /$BiVO_4$产氢速率对比

的产氢速率仅下降了17%(图7.8(c))。此对比实验证明,$CdS/BiVO_4$异质结中的氧化位点主要位于$BiVO_4$一侧,它符合z型光催化的电荷转移机理(图7.8(a))。近年来对直接z型光催化剂的研究有很多,如$WO_3/g\text{-}C_3N_4$[259]、$LaFeO_3/g\text{-}C_3N_4$[260]、$Ag_2WO_4/g\text{-}C_3N_4$[261]、MoS_2/CdS[262],均表现出非常优异的光催化性能。此外,当两个半导体直接接触时,有必要区分电荷转移方式是属于Ⅱ型异质结还是z型异质结。可引入光致发光光谱和瞬态时间分辨的光致发光光谱衰减测量来研究两个异质结之间不同的载流子转移机制。

相较于带有氧化还原介质的催化剂,直接z型光催化剂表现出了明显优异的光催化活性,但它也有一定的不足。由于两个半导体接触面的松散,界面处的电荷转移效率仍然不高。因此,研究者们就利用固体电子介质作为媒介来构建z型光催化剂(图7.9)。据报道,贵金属(如Au、Ag)和还原氧化石墨烯(rGO)通常被引入作为固体电子介质。[263-265]例如,Ag纳米颗粒作为电子介质,可捕获$BiVO_4$中的电子和$g\text{-}C_3N_4$产生的空穴,以保持自身的电子环境平衡。该z型光催化剂展现出优异的光催化性能,其对水的分解和对NO的氧化分别是纯$BiVO_4$样品的近5倍和2倍。PL和XPS光谱表明,$g\text{-}C_3N_4@Ag/BiVO_4$优异的光催化性能主要归功于z型异质结体系中光生电子和空穴的高分离效率。此外,Zeng等构建了一种引入还原氧化石墨烯作为电子介质的z型光催化剂,这种光催化剂是通过石墨烯(TRW)将两种半导体TiO_2和WO_3连接起来。[266]与TiO_2/WO_3复合材料相比,TRW对大肠杆菌的灭活具有明显优异的光催化活性,这应该归功于还原氧化石墨烯加速了TiO_2和WO_3界面上的电子迁移。

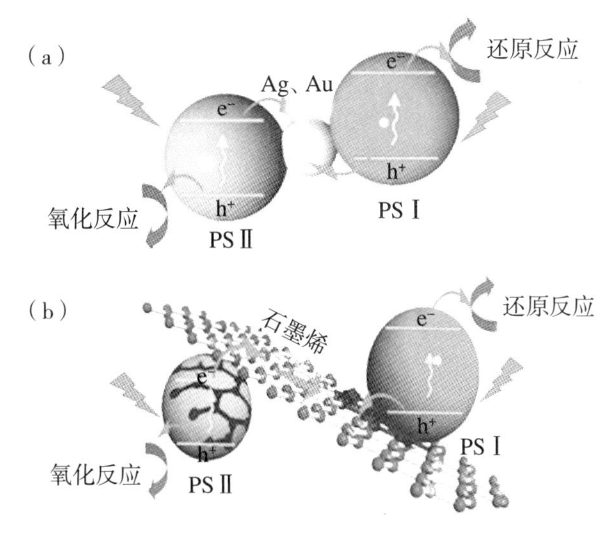

图7.9 Au存在时以Ag作为电子介质的z型光催化剂示意图及以石墨烯作为电子介质时的z型光催化剂示意图

7.2.3　等离激元异质结

表面等离激元光催化是近些年来的热门研究领域，它可以利用可见光波段激发，促进光催化在更低温度下的发生、提高光催化的反应效率。目前关于表面等离激元光催化的研究主要是利用贵金属或者地壳中含量稀有的金属纳米颗粒作为等离激元催化剂的载体。如将Au[267]、Ag[268]、Cu[269]、Pt[270]和Pd[209]等金属纳米粒子沉积在半导体上构建的金属基异质结能有效抑制电子空穴复合和扩大半导体的吸收光谱范围。这种金属异质结最显著的特征是它的局域表面等离子体共振(LSPR)效应，该效应有助于增强可见光的吸收以及电子空穴对的激发(图7.10(a))。当入射光照射在金属纳米颗粒上时，振荡电场使传导电子一起振荡，金属表面存在的自由振荡的电子与光子相互作用产生沿着金属表面传播的电子疏密波，这是一种电磁表面波，即表面等离子体。当入射光子的频率与金属内的等离子体振荡频率相同时，就会产生共振，对入射光产生很强的吸收作用，会发生局域表面等离子体共振现象。研究表明，LSPR具有两种不同的效应——LSPR敏化效应和近场增强效应，它们均能促进半导体中电子空穴对的激发。[271]

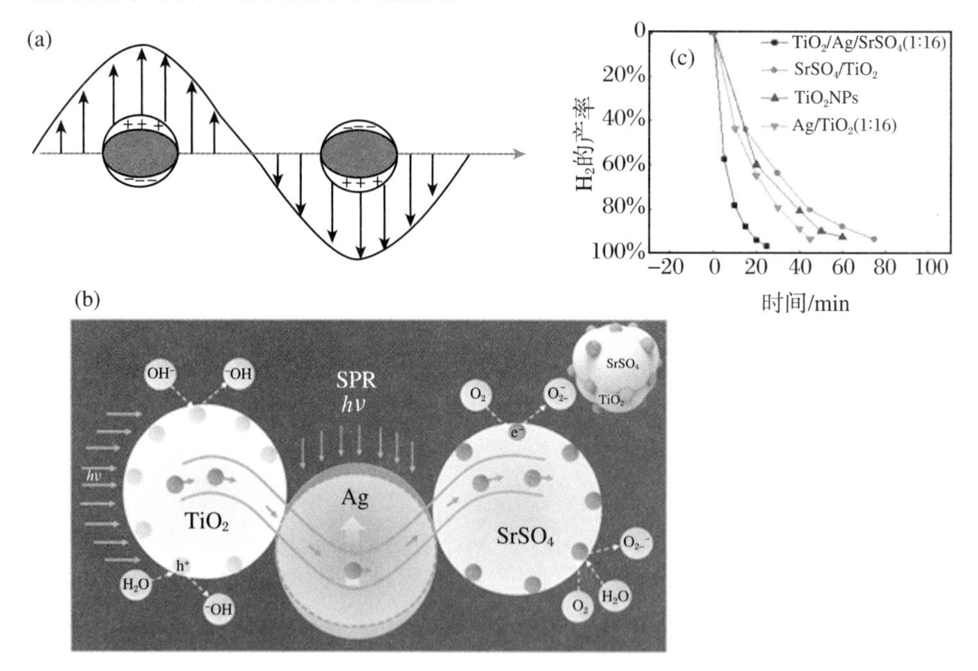

图7.10　等离激元光催化

(a) 局域表面等离子体共振示意图；(b) TiO_2/Ag/$SrSO_4$双异质结体系示意图；(c) 模拟太阳光照射下，TiO_2纳米粒子、Ag/TiO_2异质结(R = 1∶16)、$SrSO_4$/TiO_2异质结和TiO_2/Ag/$SrSO_4$双异质结(R = 1∶16)催化剂存在下亚甲基蓝的降解动力学

等离子异质结在光照下能表现出等离子体-激子耦合作用，等离子体-激子耦合的一个显著效应是LSPR敏化效应。由于相干电子振荡，金属纳米粒子等离子体可以吸收光谱中从可见光到红外光这个波段的光。显然，金属纳米颗粒作为光敏剂增强了等离子异质结的光吸收范围。例如，Zhang等研究了Au纳米颗粒沉积在TiO_2纳米管上的等离子异质结（Au/TiO_2）及在模拟太阳光下等离子体诱导的光催化活性。[272]由于LSPR效应，Au纳米粒子中的电子被激发并迅速迁移到TiO_2纳米管中，在Au/TiO_2薄膜光电电极上立即显示出了增强的光电流。此外，我们小组设计了一种新型的等离子异质结，即将TiO_2、Ag和$SrSO_4$纳米颗粒组装在一起（TiO_2/Ag/$SrSO_4$）。值得一提的是，在这个异质结中设计的电子传输路径可引导载流子沿着预想的方向流动。[273]在该研究中，TiO_2在异质结界面的导带略高于$SrSO_4$。在太阳光的照射下，LSPR效应使得Ag纳米粒子中的大量电子被激发，继而转移到$SrSO_4$的导带中形成电子流道，即形成ECB（TiO_2）—Ef（Ag）—ECB（$SrSO_4$）这样的电子路径（图7.10(b)）。因此，$SrSO_4$上的电子和TiO_2上的空穴可以实现完全分离，从而提高了光催化的量子产率，该体系表现出了优异的光催化性能，最终高效降解了亚甲基蓝并产生了H_2（图7.10(c)）。

LSPR的另一个重要特征是近场增强效应。等离激元对入射光产生很强的吸收，在金属纳米颗粒附近能产生很强的电场，这种电场会在金属纳米颗粒附近的半导体材料中激发产生电子空穴。近场增强效应在离金属表面空间区域10～50 nm的范围内呈指数衰减。[274]据报道，近场增强效应与等离子体金属的形状、大小和周围的介电环境有关。近年来，近场增强效应已应用于一些光电领域，如表面增强拉曼散射[275]、灵敏光探测[276]、太阳能电池[277]。在光催化领域，Li等合成了具有银芯的3D核壳结构Ag@SiO_2/Pt复合光催化材料并进行了CO氧化反应。在这个特别的复合材料中，等离子体Ag纳米颗粒作为“天线”，而非等离子体金属颗粒Pt作为光催化反应池（图7.11）。研究显示，过多的Ag纳米颗粒会散射掉一部分光，而过少的Ag纳米颗粒会削弱Pt-CO界面的近场增强，两者都有可能会导致光催化性能下降。当银颗粒的尺寸为25 ～ 50 nm时，体系的光催化性能最佳。这些结果揭示了设计理想等离子体光催化剂需关注的一些关键因素如光散射、光吸收和近场增强等。[278]此外，Song等通过沉淀法和浸渍法制备了Pt-Au/SiO_2等离子体偶联，用于CO_2还原。[279]由于Au纳米颗粒的LSPR效应，Pt-Au/SiO_2样品产生了很强的电场，继而激发了大量的热电子，激活了吸附的反应物，大大提高了反应速率。

近年来，具有相似等离子体特性的非贵金属因成本低、存量高而被认为是贵金属的首选替代品。例如，铋（Bi）被认为是一种发展中的非贵金属等离子体金属，它作为新型等离子体光催化剂表现出了惊人的活性。[280]Zhao等通过简易沉淀法将Bi纳米颗粒沉积在TiO_2表面，合成了Bi/TiO_2异质结构。[281]由于LSPR效应在可见光下激活了Bi粒子，产生了大量的电子，这些连续产生的电子从Bi颗粒传输到

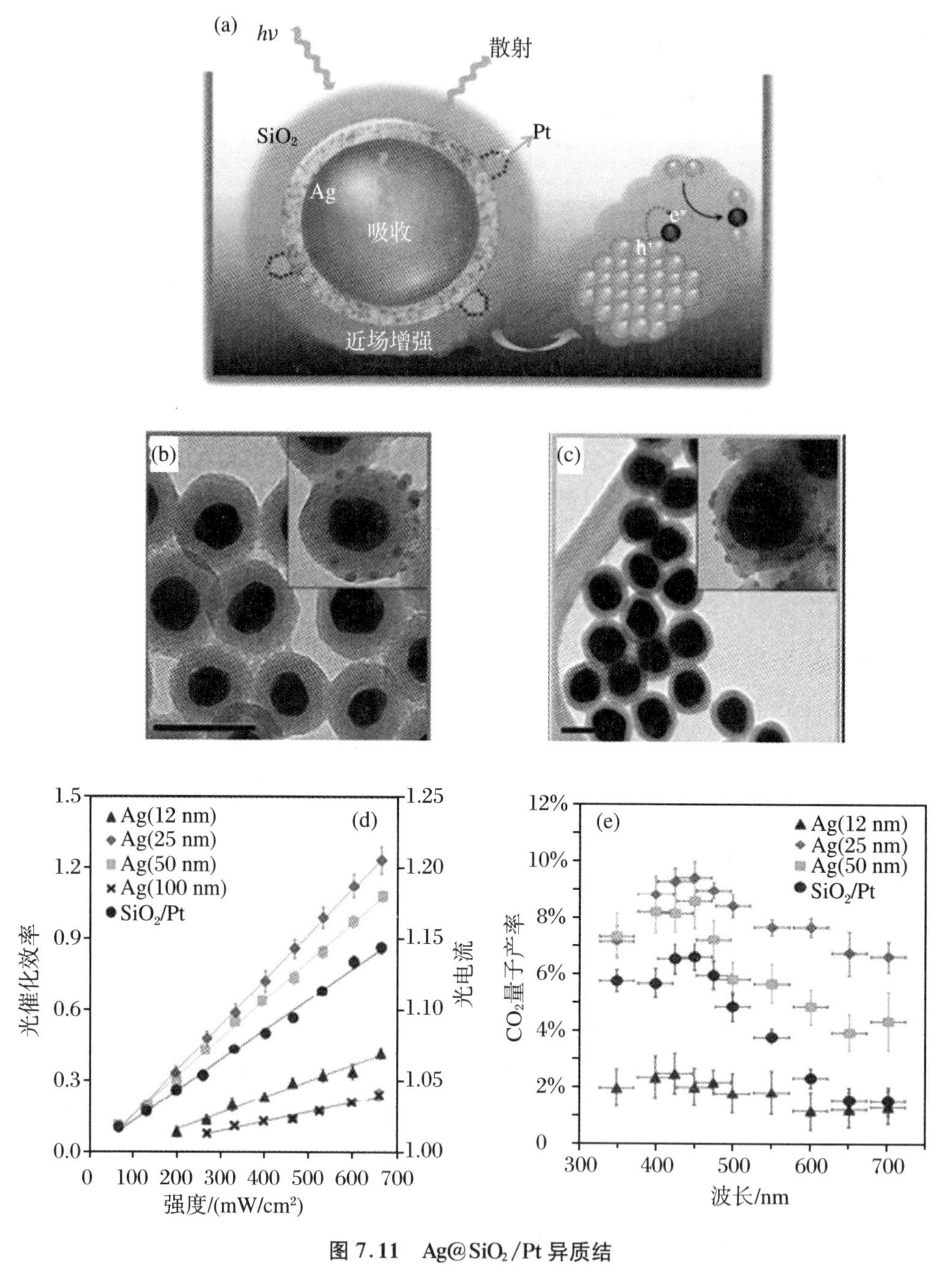

图 7.11 Ag@SiO_2/Pt 异质结

(a) Ag@SiO_2/Pt 异质结模型图；(b)和(c)尺寸不同的 Ag@SiO_2 颗粒所对应的 TEM 图像；(d) Ag@SiO_2/Pt复合材料中不同尺寸的 Ag 颗粒所对应的催化性能；(e) Ag@SiO_2/Pt 复合材料中不同尺寸的 Ag 颗粒所对应的量子产率(QY)

二氧化钛金红石表面，又转移到 TiO_2 锐钛矿界面，使得电子和空穴实现了完全分离。因此，该材料对空气中 10^{-9} 级 NO 的去除效能显著提高。此外，Sun 等制备了 $Bi/(BiO)_2CO_3$ 纳米复合材料，用于可见光和紫外光照射下 NO 的去除。[282] 由于 SPR 效应和电子空穴分离的协同作用，$Bi/(BiO)_2CO_3$ 复合材料在可见光和紫外光照下对 NO 的去除率分别为 63.6% 和 56.8%，表现出前所未有的光催化活性。近年来还出现了 Cu_2S、WO_3、MoO_3、Bi_2Se_3 和 In_2O_3 等非金属等离子体半导体光催化剂。[275] 这些进展大大扩展了等离子体纳米材料的范围，并大大降低了金属等离子体催化剂的成本。

本章小结

本章综述了近年来先进光催化材料的主要研究成果，主要包括形貌设计和异质结构筑对材料光催化性能的影响。半导体光催化利用太阳光来解决环境污染和能源短缺问题，是一种绿色可持续的解决问题的方式。然而，光催化过程也是一个复杂的反应过程，而且研究中还存在一些问题，如开发新型光催化材料、更好理解异相光催化剂的作用机理以及电荷在界面上的传输方式等。

值得指出的是，可以通过太阳能将温室气体如二氧化碳转化为易于运输的碳氢化合物燃料比如甲烷等，这不仅有利于解决能源短缺问题，还有利于降低大气中的 CO_2 水平。然而，要开发出一种高效的光催化剂，选择性地将 CO_2 转化为预期产物是很困难的。例如，在光催化 CO_2 到 CO 的转化过程中，并不能完全抑制 H_2 的生成。最近，电子科技大学程蕾及其团队提出了一种提高 CO_2 光催化性能的新方法。[283] 利用单原子 Co 锚定 CeO_2 助催化剂，构建具有特异性定向载流子迁移的 S 型异质结，双金属 CeCo 特异性的配位不饱和结构在光激发载流子动力学中显示出局域金属/配体间的动态互连且共存的电子空穴分离效应，实现特定界面结构的定向电子转移，提升了单位面积的电荷捕获位点，从而通过人工光合作用选择性地实现了 CO_2 到 CH_4 的光催化转化。达到了在不添加任何牺牲剂的情况下，通过完全气固相反应，CH_4 选择性高达 88.3%，实现了 CH_4 产率的近 121 倍提升。[284] 因此，要实现基于太阳能的多碳燃料的实际高产，需要在原子水平上进一步研究电荷动力学和表面/界面过程。

最后，希望光催化的多重合作能够在光催化剂的效率上取得突破，从而促进更多光催化剂的商业化和产业化。届时，光催化材料的市场将会更加蓬勃发展。

参 考 文 献

[1] 黄开金. 纳米材料的制备及应用[M]. 北京：冶金工业出版社，2009.

[2] Colvin V L，Schlamp M C，Alivisatos A P. Light-emitting diodes made from cadmium selenide nanocrystals and a semiconducting polymer[J]. Nature，1994，370(6488)：354-357.

[3] Alivisatos A P. Perspectives on the physical chemistry of semiconductor nanocrystals [J]. The Journal of Physical Chemistry，1996，100(31)：13226-13239.

[4] 许并社. 纳米材料及应用技术[M]. 北京：化学工业出版社，2004.

[5] 孙继荣，沈中毅，刘勇，等. 小粒子体系的自发磁化[J]. 物理学报，1993，42(1)：134-141.

[6] 沈海军. 纳米科技概论[M]. 北京：国防工业出版社，2007.

[7] Duan X，Huang Y，Lieber C M. Nonvolatile memory and programmable logic from molecule-gated nanowires[J]. Nano Letters，2002，2(5)：487-490.

[8] Dai K，Chen H，Peng T，et al. Photocatalytic degradation of methyl orange in aqueous suspension of mesoporous titania nanoparticles[J]. Chemosphere，2007，69(9)：1361-1367.

[9] Li J，Li L，Zheng L，et al. Photoelectrocatalytic degradation of rhodamine B using Ti/TiO_2 electrode prepared by laser calcination method[J]. Electrochimica Acta，2006，51(23)：4942-4949.

[10] Peiró A M，Ayllón J A，Peral J，et al. TiO_2-photocatalyzed degradation of phenol and ortho-substituted phenolic compounds[J]. Applied Catalysis B：Environmental，2001，30(3-4)：359-373.

[11] Wang J，Jiang Z，Zhang Z，et al. Sonocatalytic degradation of acid red B and rhodamine B catalyzed by nano-sized ZnO powder under ultrasonic irradiation[J]. Ultrasonics Sonochemistry，2008，15(5)：768-774.

[12] Wang W，Serp P，Kalck P，et al. Photocatalytic degradation of phenol on MWNT and titania composite catalysts prepared by a modified sol-gel method[J]. Applied Catalysis B：Environmental，2005，56(4)：305-312.

[13] Hosseini S，Borghei S，Vossoughi M，et al. Immobilization of TiO_2 on perlite granules for photocatalytic degradation of phenol[J]. Applied Catalysis B：Environmental，2007，74(1-2)：53-62.

[14] Chan W，Nie S M. Quantum dot bioconjugates for ultrasensitive nonisotopic detection

[J]. Science, 1998, 281(5385): 2016-2018.

[15] Medintz I L, Uyeda H T, Goldman E R, et al. Quantum dot bioconjugates for imaging, labelling and sensing[J]. Nature Materials, 2005, 4(6): 435-446.

[16] Liu J, Lu Y. A colorimetric lead biosensor using DNAzyme-directed assembly of gold nanoparticles[J]. Journal of the American Chemical Society, 2003, 125(22): 6642-6643.

[17] Haes A J, Van Duyne R P. A nanoscale optical biosensor: sensitivity and selectivity of an approach based on the localized surface plasmon resonance spectroscopy of triangular silver nanoparticles[J]. Journal of the American Chemical Society, 2002, 124(35): 10596-10604.

[18] Hashimoto K, Ito K, Ishimori Y. Microfabricated disposable DNA sensor for detection of hepatitis B virus DNA[J]. Sensors and Actuators B: Chemical, 1998, 46(3): 220-225.

[19] Kasif S, Salzberg S, Waltz D, et al. A probabilistic framework for memory-based reasoning[J]. Artificial Intelligence, 1998, 104(1-2): 287-311.

[20] Chen J, Xu L, Li W, et al. α-Fe_2O_3 nanotubes in gas sensor and lithium-ion battery applications[J]. Advanced Materials, 2005, 17(5): 582-586.

[21] Chan C, Ace K. High-performance lithium battery anodes using silicon nanowires[J]. Nature Nanotechnology, 2008, 3(1): 31-35.

[22] Law M, Greene L E, Johnson J C, et al. Nanowire dye-sensitized solar cells[J]. Nature Materials, 2005, 4(6): 455-459.

[23] Bach U, Lupo D, Comte P, et al. Solid-state dye-sensitized mesoporous TiO_2 solar cells with high photon-to-electron conversion efficiencies[J]. Nature, 1998, 395(6702): 583-585.

[24] 刘雁. 燃料电池人类未来的能源终极解决方案[J]. 资源与人居环境, 2007(34): 28-31.

[25] Surampudi S, Narayanan S, Vamos E, et al. Advances in direct oxidation methanol fuel cells[J]. Journal of Power Sources, 1994, 47(3): 377-385.

[26] Ravikumar M, Shukla A. Effect of methanol crossover in a liquid-feed polymer-electrolyte direct methanol fuel cell[J]. Journal of the Electrochemical Society, 1996, 143(8): 2601-2606.

[27] Hamnett A. Mechanism and electrocatalysis in the direct methanol fuel cell[J]. Catalysis Today, 1997, 38(4): 445-457.

[28] Heinzel A, Barragan V. A review of the state-of-the-art of the methanol crossover in direct methanol fuel cells[J]. Journal of Power Sources, 1999, 84(1): 70-74.

[29] Ren X, Zelenay P, Thomas S, et al. Recent advances in direct methanol fuel cells at Los Alamos National Laboratory[J]. Journal of Power Sources, 2000, 86(1-2): 111-116.

[30] Lamy C, Lima A, LeRhun V, et al. Recent advances in the development of direct alcohol fuel cells (DAFC)[J]. Journal of Power Sources, 2002, 105(2): 283-296.

[31] Dillon R, Srinivasan S, Arico A, et al. International activities in DMFC R&D: status of technologies and potential applications[J]. Journal of Power Sources, 2004, 127(1-2): 112-126.

[32] Yu J H, Choi H G, Cho S M. Performance of direct dimethyl ether fuel cells at low temperature[J]. Electrochemistry Communications, 2005, 7(12): 1385-1388.

[33] Rice C, Ha S, Masel R, et al. Catalysts for direct formic acid fuel cells[J]. Journal of Power Sources, 2003, 115(2): 229-235.

[34] Samjeské G, Miki A, Ye S, et al. Mechanistic study of electrocatalytic oxidation of formic acid at platinum in acidic solution by time-resolved surface-enhanced infrared absorption spectroscopy[J]. The Journal of Physical Chemistry B, 2006, 110(33): 16559-16566.

[35] Yamada K, Asazawa K, Yasuda K, et al. Investigation of PEM type direct hydrazine fuel cell[J]. Journal of Power Sources, 2003, 115(2): 236-242.

[36] Kim J Y, Yang Z, Chang C C, et al. A sol-gel-based approach to synthesize high-surface-area Pt-Ru catalysts as anodes for DMFCs[J]. Journal of the Electrochemical Society, 2003, 150(11): A1421.

[37] Cao D, Bergens S H. A direct 2-propanol polymer electrolyte fuel cell[J]. Journal of Power Sources, 2003, 124(1): 12-17.

[38] Livshits V, Peled E. Progress in the development of a high-power, direct ethylene glycol fuel cell (DEGFC)[J]. Journal of Power Sources, 2006, 161(2): 1187-1191.

[39] Zhou W, Zhou Z, Song S, et al. Pt based anode catalysts for direct ethanol fuel cells [J]. Applied Catalysis B: Environmental, 2003, 46(2): 273-285.

[40] Lamy C, Rousseau S, Belgsir E, et al. Recent progress in the direct ethanol fuel cell: development of new platinum-tin electrocatalysts[J]. Electrochimica Acta, 2004, 49(22-23): 3901-3908.

[41] Vigier F, Coutanceau C, Perrard A, et al. Development of anode catalysts for a direct ethanol fuel cell[J]. Journal of Applied Electrochemistry, 2004, 4(34): 439-446.

[42] Antolini E. Catalysts for direct ethanol fuel cells[J]. Journal of Power Sources, 2007, 170(1): 1-12.

[43] Zhou W, Li W Z, Song S Q, et al. Bi-and tri-metallic Pt-based anode catalysts for direct ethanol fuel cells[J]. Journal of Power Sources, 2004, 131(1-2): 217-223.

[44] Rousseau S, Coutanceau C, Lamy C, et al. Direct ethanol fuel cell (DEFC): electrical performances and reaction products distribution under operating conditions with different platinum-based anodes[J]. Journal of Power Sources, 2006, 158(1): 18-24.

[45] Han S B, Song Y J, Lee J M, et al. Platinum nanocube catalysts for methanol and ethanol electrooxidation[J]. Electrochemistry Communications, 2008, 10(7): 1044-1047.

[46] Wu W, Lin Y T. Feasible input manipulation for a nonisothermal direct methanol fuel cell system[J]. Industrial & Engineering Chemistry Research, 2010, 49(12): 5725-5733.

[47] Selvarani G, Selvaganesh S V, Krishnamurthy S, et al. A methanol-tolerant carbon-

supported Pt-Au alloy cathode catalyst for direct methanol fuel cells and its evaluation by DFT[J]. The Journal of Physical Chemistry C, 2009, 113(17): 7461-7468.

[48] Girishkumar G, Hall T D, Vinodgopal K, et al. Single wall carbon nanotube supports for portable direct methanol fuel cells[J]. The Journal of Physical Chemistry B, 2006, 110(1): 107-114.

[49] Gurau B, Smotkin E S. Methanol crossover in direct methanol fuel cells: a link between power and energy density[J]. Journal of Power Sources, 2002, 112(2): 339-352.

[50] Pérez G, Pastor E, Zinola C F. A novel Pt/Cr/Ru/C cathode catalyst for direct methanol fuel cells (DMFC) with simultaneous methanol tolerance and oxygen promotion[J]. International Journal of Hydrogen Energy, 2009, 34(23): 9523-9530.

[51] Liu H, Song C, Zhang L, et al. A review of anode catalysis in the direct methanol fuel cell[J]. Journal of Power Sources, 2006, 155(2): 95-110.

[52] Meng H, Shen P K. Novel Pt-free catalyst for oxygen electroreduction[J]. Electrochemistry Communications, 2006, 8(4): 588-594.

[53] Yang L, Chen J, Zhong X, et al. Au@Pt nanoparticles prepared by one-phase protocol and their electrocatalytic properties for methanol oxidation[J]. Colloids and Surfaces A: Physicochemical and Engineering Aspects, 2007, 295(1-3): 21-26.

[54] Chu Y H, Ahn S W, Kim D Y, et al. Combinatorial investigation of Pt-Ru-M as anode electrocatalyst for direct methanol fuel cell[J]. Catalysis Today, 2006, 111(3-4): 176-181.

[55] Xu M W, Gao G Y, Zhou W J, et al. Novel Pd/β-MnO_2 nanotubes composites as catalysts for methanol oxidation in alkaline solution[J]. Journal of Power Sources, 2008, 175(1): 217-220.

[56] Carmo M D, Paganin V A, Rosolen J M, et al. Alternative supports for the preparation of catalysts for low-temperature fuel cells: the use of carbon nanotubes[J]. Journal of Power Sources, 2005, 142(1-2): 169-176.

[57] Li X, Chen W X, Zhao J, et al. Microwave polyol synthesis of Pt/CNTs catalysts: effects of pH on particle size and electrocatalytic activity for methanol electrooxidization[J]. Carbon, 2005, 43(10): 2168-2174.

[58] Gamez A, Richard D, Gallezot P, et al. Oxygen reduction on well-defined platinum nanoparticles inside recast ionomer[J]. Electrochimica Acta, 1996, 41(2): 307-314.

[59] Zhou C, Wang H, Peng F, et al. MnO_2/CNT supported Pt and PtRu nanocatalysts for direct methanol fuel cells[J]. Langmuir, 2009, 25(13): 7711-7717.

[60] Zhao G Y, Li H L. Electrochemical oxidation of methanol on Pt nanoparticles composited MnO_2 nanowire arrayed electrode[J]. Applied Surface Science, 2008, 254(10): 3232-3235.

[61] Wu G, Li L, Li J H, et al. Methanol electrooxidation on Pt particles dispersed into PANI/SWNT composite films[J]. Journal of Power Sources, 2006, 155(2): 118-127.

[62] Gatto I, Sacca A, Carbone A, et al. CO-tolerant electrodes developed with phosphomolybdic acid for polymer electrolyte fuel cell (PEFCs) application[J]. Journal of Power Sources,

2007, 171(2): 540-545.

[63] Haug A T, White R E, Weidner J W, et al. Development of a novel CO tolerant proton exchange membrane fuel cell anode[J]. Journal of the Electrochemical Society, 2002, 149(7): A862-A867.

[64] Watanabe M, Igarashi H, Fujino T. Design of CO tolerant anode catalysts for polymer electrolyte fuel cell[J]. Electrochemistry, 1999, 67(12): 1194-1196.

[65] Lin M L, Lo M Y, Mou C Y. PtRu nanoparticles supported on ozone-treated mesoporous carbon thin film as highly active anode materials for direct methanol fuel cells[J]. The Journal of Physical Chemistry C, 2009, 113(36): 16158-16168.

[66] Du H, Li B, Kang F, et al. Carbon aerogel supported Pt-Ru catalysts for using as the anode of direct methanol fuel cells[J]. Carbon, 2007, 45(2): 429-435.

[67] He Z, Chen J, Liu D, et al. Electrodeposition of Pt-Ru nanoparticles on carbon nanotubes and their electrocatalytic properties for methanol electrooxidation[J]. Diamond and Related Materials, 2004, 13(10): 1764-1770.

[68] Zheng H, Ou J Z, Strano M S, et al. Nanostructured tungsten oxide-properties, synthesis, and applications[J]. Advanced Functional Materials, 2011, 21(12): 2175-2196.

[69] Cox P A. Transition metal oxides: an introduction to their electronic structure and properties[M]. Oxford: Clarendon Press, 1992.

[70] Berger O, Hoffmann T, Fischer W J, et al. Influence of microstructure of tungsten oxide thin films on their general performance as ozone and NO_x gas sensor[C]//Smart Sensors, Actuators, and MEMS. Bellingham: SPIE, 2003: 870-881.

[71] Yang B, Barnes P R, Zhang Y, et al. Tungsten trioxide films with controlled morphology and strong photocatalytic activity via a simple sol-gel route[J]. Catalysis Letters, 2007, 118: 280-284.

[72] Wang Z, Zhou S, Wu L. Preparation of rectangular $WO_3 \cdot H_2O$ nanotubes under mild conditions[J]. Advanced Functional Materials, 2007, 17(11): 1790-1794.

[73] Zhou J, Ding Y, Deng S Z, et al. Three-dimensional tungsten oxide nanowire networks [J]. Advanced Materials, 2005, 17(17): 2107-2110.

[74] Gerand B, Nowogrocki G, Figlarz M. A new tungsten trioxide hydrate, $WO_3 \cdot 13H_2O$: Preparation, characterization, and crystallographic study[J]. Journal of Solid State Chemistry, 1981, 38(3): 312-320.

[75] Zhang C, Debliquy M, Boudiba A, et al. Sensing properties of atmospheric plasma-sprayed WO_3 coating for sub-ppm NO_2 detection[J]. Sensors and Actuators B: Chemical, 2010, 144(1): 280-288.

[76] Solis J, Saukko S, Kish L, et al. Semiconductor gas sensors based on nanostructured tungsten oxide[J]. Thin Solid Films, 2001, 391(2): 255-260.

[77] Marquis B T, Vetelino J F. A semiconducting metal oxide sensor array for the detection of NO_x and NH_3[J]. Sensors and Actuators B: Chemical, 2001, 77(1-2): 100-110.

[78] Granqvist C G. Electrochromic tungsten oxide films: review of progress 1993—1998[J].

Solar Energy Materials and Solar Cells, 2000, 60(3): 201-262.

[79] 陈世文，吴广明，史继超，等. 纳米掺钯 WO_3 薄膜及气致变色性能研究[J]. 纳米科技，2006，3(2)：13-16.

[80] Anandan S, Miyauchi M. Improved photocatalytic efficiency of a WO_3 system by an efficient visible-light induced hole transfer[J]. Chemical Communications, 2012, 48(36): 4323-4325.

[81] Osterloh F E. Inorganic materials as catalysts for photochemical splitting of water[J]. Chemistry of Materials, 2008, 20(1): 35-54.

[82] Chatten R, Chadwick A V, Rougier A, et al. The oxygen vacancy in crystal phases of WO_3[J]. The Journal of Physical Chemistry B, 2005, 109(8): 3146-3156.

[83] Kumagai N, Kumagai N, Umetzu Y, et al. Synthesis of hexagonal form of tungsten trioxide and electrochemical lithium insertion into the trioxide[J]. Solid State Ionics, 1996, 86: 1443-1449.

[84] Makarov V, Trontelj M. Novel varistor material based on tungsten oxide[J]. Journal of Materials Science Letters, 1994, 13(13): 937-939.

[85] Takada T, Wang S F, Yoshikawa S, et al. Effect of glass additions on BaO-TiO_2-WO_3 microwave ceramics[J]. Journal of the American Ceramic Society, 1994, 77(7): 1909-1916.

[86] Nah Y C, Paramasivam I, Hahn R, et al. Nitrogen doping of nanoporous WO_3 layers by NH_3 treatment for increased visible light photoresponse[J]. Nanotechnology, 2010, 21(10): 105704.

[87] Gavanier B, Butt N, Hutchins M, et al. A comparison of the electrochemical properties of lithium intercalated amorphous and crystalline tungsten oxide[J]. Electrochimica Acta, 1999, 44(18): 3251-3258.

[88] Zhu Y Q, Hu W, Hsu W K, et al. Tungsten oxide tree-like structures[J]. Chemical Physics Letters, 1999, 309(5-6): 327-334.

[89] Zhou J, Gong L, Deng S Z, et al. Growth and field-emission property of tungsten oxide nanotip arrays[J]. Applied Physics Letters, 2005, 87(22): 223108.

[90] Song X, Zhao Y, Zheng Y. Hydrothermal synthesis of tungsten oxide nanobelts[J]. Materials Letters, 2006, 60(28): 3405-3408.

[91] Liu Z, Miyauchi M, Yamazaki T, et al. Facile synthesis and NO_2 gas sensing of tungsten oxide nanorods assembled microspheres[J]. Sensors and Actuators B: Chemical, 2009, 140(2): 514-519.

[92] 刘明志，袁坚，程金树，等. 溶胶-凝胶法制备 WO_3 电色薄膜[J]. 硅酸盐通报，2000，19(2)：32-34.

[93] Chemseddine A, Morineau R, Livage J. Electrochromism of colloidal tungsten oxide[J]. Solid State Ionics, 1983, 9(10): 357-361.

[94] Lou X W, Zeng H C. An inorganic route for controlled synthesis of $W_{18}O_{49}$ nanorods and nanofibers in solution[J]. Inorganic Chemistry, 2003, 42(20): 6169-6171.

[95] Gu Z J, Li H Q, Zhai T Y, et al. Large-scale synthesis of single-crystal hexagonal tungsten trioxide nanowires and electrochemical lithium intercalation into the nanocrystals[J]. Journal of Solid State Chemistry, 2007, 180(1): 98-105.

[96] Gu Z J, Zhai T Y, Gao B F, et al. Controllable assembly of WO_3 nanorods/nanowires into hierarchical nanostructures[J]. The Journal of Physical Chemistry B, 2006, 110 (47): 23829-23836.

[97] Wang J, Khoo E, Lee P S, et al. Synthesis, assembly, and electrochromic properties of uniform crystalline WO_3 nanorods[J]. The Journal of Physical Chemistry C, 2008, 112(37): 14306-14312.

[98] Sun X, Chen X, Deng Z, et al. A CTAB-assisted hydrothermal orientation growth of ZnO nanorods[J]. Materials Chemistry and Physics, 2003, 78(1): 99-104.

[99] Patankar N A. Mimicking the lotus effect: influence of double roughness structures and slender pillars[J]. Langmuir, 2004, 20(19): 8209-8213.

[100] Gao X, Yan X, Yao X, et al. The dry-style antifogging properties of mosquito compound eyes and artificial analogues prepared by soft lithography[J]. Advanced Materials, 2007, 19(17): 2213-2217.

[101] Duan X, Huang Y, Cui Y, et al. Indium phosphide nanowires as building blocks for nanoscale electronic and optoelectronic devices[J]. Nature, 2001, 409(6816): 66-69.

[102] Whang D, Jin S, Wu Y, et al. Large-scale hierarchical organization of nanowire arrays for integrated nanosystems[J]. Nano Letters, 2003, 3(9): 1255-1259.

[103] Santato C, Ulmann M, Augustynski J. Photoelectrochemical properties of nanostructured tungsten trioxide films[J]. The Journal of Physical Chemistry B, 2001, 105(5): 936-940.

[104] Luo J Y, Deng S Z, Tao Y T, et al. Evidence of localized water molecules and their role in the gasochromic effect of WO_3 nanowire films[J]. The Journal of Physical Chemistry C, 2009, 113(36): 15877-15881.

[105] Zheng H, Tachibana Y, Kalantar-Zadeh K. Dye-sensitized solar cells based on WO_3 [J]. Langmuir, 2010, 26(24): 19148-19152.

[106] Naseri N, Azimirad R, Akhavan O, et al. Improved electrochromical properties of sol-gel WO_3 thin films by doping gold nanocrystals[J]. Thin Solid Films, 2010, 518(8): 2250-2257.

[107] Zhang X, Lu X, Shen Y, et al. Three-dimensional WO_3 nanostructures on carbon paper: photoelectrochemical property and visible light driven photocatalysis[J]. Chemical Communications, 2011, 47(20): 5804-5806.

[108] Zhao Y, He J, Yang M, et al. Single crystal WO_3 nanoflakes as quartz crystal microbalance sensing layer for ultrafast detection of trace sarin simulant[J]. Analytica Chimica Acta, 2009, 654(2): 120-126.

[109] Zhao Z G, Liu Z F, Miyauchi M. Nature-inspired construction, characterization, and photocatalytic properties of single-crystalline tungsten oxide octahedra[J]. Chemical

Communications, 2010, 46(19): 3321-3323.

[110] Riegel G, Bolton J R. Photocatalytic efficiency rariability in TiO_2 partiles[J]. The Journal of Physical Chemistry, 1995(99): 4215-4224.

[111] Lee K, Seo W S, Park J T. Synthesis and optical properties of colloidal tungsten oxide nanorods[J]. Journal of the American Chemical Society, 2003, 125(12): 3408-3409.

[112] Shibuya M, Miyauchi M. Site-selective deposition of metal nanoparticles on aligned WO_3 nanotrees for super-hydrophilic thin films[J]. Advanced Materials, 2009, 21(13): 1373-1376.

[113] Liu Y, Wang Y, Zhang J, et al. Observation of surface structural changes of Pt octahedron nanoparticles and its effect in electrocatalysis oxidation of methanol[J]. Catalysis Communications, 2009, 10(8): 1244-1247.

[114] Zhang X, Dong D, Li D, et al. Direct electrodeposition of Pt nanotube arrays and their enhanced electrocatalytic activities[J]. Electrochemistry Communications, 2009, 11(1): 190-193.

[115] Xu C, Zeng R, Shen P K, et al. Synergistic effect of CeO_2 modified Pt/C catalysts on the alcohols oxidation[J]. Electrochimica Acta, 2005, 51(6): 1031-1035.

[116] Xie F, Tian Z, Meng H, et al. Increasing the three-phase boundary by a novel three-dimensional electrode[J]. Journal of Power Sources, 2005, 141(2): 211-215.

[117] 维基百科. 铂[EB/OL]. (2010-08-08)[2024-05-05]. http://zh. wikipedia. org/wiki/%E9%93%82.

[118] Hall S B, Khudaish E A, Hart A L. Electrochemical oxidation of hydrogen peroxide at platinum electrodes. Part Ⅱ: effect of potential[J]. Electrochimica Acta, 1998, 43(14-15): 2015-2024.

[119] Hall S B, Khudaish E A, Hart A L. Electrochemical oxidation of hydrogen peroxide at platinum electrodes. Part Ⅲ: effect of temperature[J]. Electrochimica Acta, 1999, 44(14): 2455-2462.

[120] Hall S B, Khudaish E A, Hart A L. Electrochemical oxidation of hydrogen peroxide at platinum electrodes. Part Ⅳ: phosphate buffer dependence[J]. Electrochimica Acta, 1999, 44(25): 4573-4582.

[121] Hall S B, Khudaish E A, Hart A L. Electrochemical oxidation of hydrogen peroxide at platinum electrodes. Part Ⅴ: inhibition by chloride[J]. Electrochimica Acta, 2000, 45(21): 3573-3579.

[122] Tang H, Chen J, Yao S, et al. Amperometric glucose biosensor based on adsorption of glucose oxidase at platinum nanoparticle-modified carbon nanotube electrode[J]. Analytical Biochemistry, 2004, 331(1): 89-97.

[123] Wang A, Ye X, He P, et al. A new technique for chemical deposition of Pt nanoparticles and its applications on biosensor design[J]. Electroanalysis: An International Journal Devoted to Fundamental and Practical Aspects of Electroanalysis, 2007, 19(15): 1603-1608.

[124] Song Y J, Oh J K, Park K W. Pt nanostructure electrodes pulse electrodeposited in PVP for electrochemical power sources[J]. Nanotechnology, 2008, 19(35): 355602.

[125] Cooper J S, Jeon M K, Mcginn P J. Combinatorial screening of ternary Pt-Ni-Cr catalysts for methanol electro-oxidation[J]. Electrochemistry Communications, 2008, 10(10): 1545-1547.

[126] Chen M, Wang Z B, Ding Y, et al. Investigation of the Pt-Ni-Pb/C ternary alloy catalysts for methanol electrooxidation[J]. Electrochemistry Communications, 2008, 10(3): 443-446.

[127] Meher S K, Cargnello M, Troiani H, et al. Alcohol induced ultra-fine dispersion of Pt on tuned morphologies of CeO_2 for CO oxidation[J]. Applied Catalysis B: Environmental, 2013, 130: 121-131.

[128] Zhang H, Hu C, He X, et al. Pt support of multidimensional active sites and radial channels formed by SnO_2 flower-like crystals for methanol and ethanol oxidation[J]. Journal of Power Sources, 2011, 196(10): 4499-4505.

[129] Wang S Y, Jiang S P, Wang X. Polyelectrolyte functionalized carbon nanotubes as a support for noble metal electrocatalysts and their activity for methanol oxidation [J]. Nanotechnology, 2008, 19(26): 265601.

[130] Tian Z Q, Jiang S P, Liang Y M, et al. Synthesis and characterization of platinum catalysts on multiwalled carbon nanotubes by intermittent microwave irradiation for fuel cell applications[J]. The Journal of Physical Chemistry B, 2006, 110(11): 5343-5350.

[131] Xu C, Shen P K, Ji X, et al. Enhanced activity for ethanol electrooxidation on Pt-MgO/C catalysts[J]. Electrochemistry Communications, 2005, 7(12): 1305-1308.

[132] Wu F C, Chen T Y, Wan C C, et al. Catalyst improvement of utilization for direct methanol fuel cell using silane coupling agents[J]. Electrochemical and Solid-State Letters, 2006, 9(12): A549-A551.

[133] Umeda M, Ojima H, Mohamedi M, et al. Methanol electrooxidation at Pt-Ru-W sputter deposited on Au substrate[J]. Journal of Power Sources, 2004, 136(1): 10-15.

[134] Yang L, Bock C, Macdougall B, et al. The role of the WO_x ad-component to Pt and PtRu catalysts in the electrochemical CH_3OH oxidation reaction[J]. Journal of Applied Electrochemistry, 2004, 34(4): 427-438.

[135] Raghuveer V, Viswanathan B. Synthesis, characterization and electrochemical studies of Ti-incorporated tungsten trioxides as platinum support for methanol oxidation[J]. Journal of Power Sources, 2005, 144(1): 1-10.

[136] Rajesh B, Ravindranathan Thampi K, Bonard J M, et al. Carbon nanotubes generated from template carbonization of polyphenyl acetylene as the support for electrooxidation of methanol[J]. The Journal of Physical Chemistry B, 2003, 107(12): 2701-2708.

[137] 史美伦. 交流阻抗谱原理及应用[M]. 北京：国防工业出版社，2001.

[138] 腾岛昭，相泽益男，井上彻. 电化学测定方法[M]. 陈震，姚建年，译. 北京：北京大学出版社，1995.

[139] Cui X, Shi J, Chen H, et al. Platinum/mesoporous WO_3 as a carbon-free electrocatalyst with enhanced electrochemical activity for methanol oxidation[J]. The Journal of Physical Chemistry B, 2008, 112(38): 12024-12031.

[140] Ouf A, Ibrahim A, El-Shafei A. Reactivity of the Pt/WO_3/GC Electrode Towards Ethylene Glycol Oxidation in 0.1 M H_2SO_4[J]. Electroanalysis, 2011, 23(8): 1998-2006.

[141] Mahalingam T, Chitra J, Ravi G, et al. Characterization of pulse plated Cu_2O thin films[J]. Surface and Coatings Technology, 2003, 168(2-3): 111-114.

[142] Xu Y, Schoonen M A. The absolute energy positions of conduction and valence bands of selected semiconducting minerals[J]. American Mineralogist, 2000, 85(3-4): 543-556.

[143] Gao X Y, Wang S Y, Li J, et al. Study of structure and optical properties of silver oxide films by ellipsometry, XRD and XPS methods[J]. Thin Solid Films, 2004, 455: 438-442.

[144] 尤先锋，陈锋，张金龙，等. 银促进的 TiO_2 光催化降解甲基橙[J]. 催化学报，2006，27(3): 270-274.

[145] Takata S, Ogura T, Ide E, et al. Effects of solvents in the polyethylene glycol series on the bonding of copper joints using Ag_2O paste[J]. Journal of Electronic Materials, 2013, 42(3): 507-515.

[146] Bo Arixin B A, Sarina S, Zheng Z F, et al. Removal of radioactive iodine from water using Ag_2O grafted titanate nanolamina as efficient adsorbent[J]. Journal of Hazardous Materials, 2013, 246: 199-205.

[147] Hussain S T, Anjum D, Siddiqa A, et al. Synthesis of visible light driven cobalt tailored Ag_2O/TiON nanophotocatalyst by reverse micelle processing for degradation of Eriochrome Black T[J]. Materials Research Bulletin, 2013, 48(2): 705-714.

[148] Ito T, Ogura T, Hirose A. Effects of Au and Pd additions on joint strength, electrical resistivity, and ion-migration tolerance in low-temperature sintering bonding using Ag_2O paste[J]. Journal of Electronic Materials, 2012, 41(9): 2573-2579.

[149] Wang F, Wang H, Mao J. Broken holey graphene oxide for electrocatalytic N_2-to-NH_3 fixation at ambient condition[J]. Colloids and Surfaces A: Physicochemical and Engineering Aspects, 2020, 605: 125345.

[150] Li P, Wang B, Qin C, et al. Band-gap-tunable CeO_2 nanoparticles for room-temperature NH_3 gas sensors[J]. Ceramics International, 2020, 46(11): 19232-19240.

[151] Stoeckl B, Subotić V, Preininger M, et al. Characterization and performance evaluation of ammonia as fuel for solid oxide fuel cells with Ni/YSZ anodes[J]. Electrochimica Acta, 2019, 298: 874-883.

[152] Khateeb A A, Guiberti T F, Zhu X, et al. Stability limits and exhaust NO performances of ammonia-methane-air swirl flames[J]. Experimental Thermal and Fluid Science, 2020, 114: 110058.

[153] Liu Y, Hu Z, Yu J C. Fe enhanced visible-light-driven nitrogen fixation on BiOBr nanosheets[J]. Chemistry of Materials, 2020, 32(4): 1488-1494.

[154] Chen S, Liu D, Peng T. Fundamentals and recent progress of photocatalytic nitrogen-fixation reaction over semiconductors[J]. Solar RRL, 2021, 5(2): 2000487.

[155] Wen X J, Niu C G, Zhang L, et al. A novel Ag_2O/CeO_2 heterojunction photocatalysts for photocatalytic degradation of enrofloxacin: possible degradation pathways, mineralization activity and an in depth mechanism insight[J]. Applied Catalysis B: Environmental, 2018, 221: 701-714.

[156] Wen X J, Shen C H, Fei Z H, et al. Recent developments on AgI based heterojunction photocatalytic systems in photocatalytic application[J]. Chemical Engineering Journal, 2020, 383: 123083.

[157] Feng C, Tang L, Deng Y, et al. A novel sulfur-assisted annealing method of g-C_3N_4 nanosheet compensates for the loss of light absorption with further promoted charge transfer for photocatalytic production of H_2 and H_2O_2[J]. Applied Catalysis B: Environmental, 2021, 281: 119539.

[158] Yu Y, Zhu Z, Liu Z, et al. Construction of the biomass carbon quantum dots modified heterojunction Bi_2WO_6/Cu_2O photocatalysis for enhancing light utilization and mechanism insight[J]. Journal of the Taiwan Institute of Chemical Engineers, 2019, 102: 197-201.

[159] Dong S, Cui L, Liu C, et al. Fabrication of 3D ultra-light graphene aerogel/Bi_2WO_6 composite with excellent photocatalytic performance: A promising photocatalysts for water purification[J]. Journal of the Taiwan Institute of Chemical Engineers, 2019, 97: 288-296.

[160] Wangkawong K, Phanichphant S, Tantraviwat D, et al. Photocatalytic efficiency improvement of Z-scheme CeO_2/BiOI heterostructure for RHB degradation and benzylamine oxidation under visible light irradiation[J]. Journal of the Taiwan Institute of Chemical Engineers, 2020, 108: 55-63.

[161] Liang Y, Shang R, Lu J, et al. 2D MOFs enriched g-C_3N_4 nanosheets for highly efficient charge separation and photocatalytic hydrogen evolution from water[J]. International Journal of Hydrogen Energy, 2019, 44(5): 2797-2810.

[162] Shen H, Peppel T, Strunk J, et al. Photocatalytic reduction of CO_2 by metal-free-based materials: recent advances and future perspective[J]. Solar RRL, 2020, 4(8): 1900546.

[163] Hu K, Li R, Ye C, et al. Facile synthesis of Z-scheme composite of TiO_2 nanorod/g-C_3N_4 nanosheet efficient for photocatalytic degradation of ciprofloxacin[J]. Journal of Cleaner Production, 2020, 253: 120055.

[164] Yan Y, Zhou X, Yu P, et al. Characteristics, mechanisms and bacteria behavior of photocatalysis with a solid Z-scheme Ag/AgBr/g-C_3N_4 nanosheet in water disinfection [J]. Applied Catalysis A: General, 2020, 590: 117282.

[165] Shi G, Yang L, Liu Z, et al. Photocatalytic reduction of CO_2 to CO over copper decorated g-C_3N_4 nanosheets with enhanced yield and selectivity[J]. Applied Surface Science, 2018, 427: 1165-1173.

[166] Lin Y R, Dizon G V C, Yamada K, et al. Sulfur-doped g-C_3N_4 nanosheets for photocatalysis: Z-scheme water splitting and decreased biofouling[J]. Journal of Colloid and Interface Science, 2020, 567: 202-212.

[167] Jia J, Sun W, Zhang Q, et al. Inter-plane heterojunctions within 2D/2D $FeSe_2$/g-C_3N_4 nanosheet semiconductors for photocatalytic hydrogen generation[J]. Applied Catalysis B: Environmental, 2020, 261: 118249.

[168] Liang Z, Meng X, Xue Y, et al. Facile preparation of metallic 1T phase molybdenum selenide as cocatalyst coupled with graphitic carbon nitride for enhanced photocatalytic H_2 production[J]. Journal of Colloid and Interface Science, 2021, 598: 172-180.

[169] Wang X, Liang Z, Xue Y, et al. A novel semi-metallic 1T′-$MoReS_3$ co-catalyst[J]. Chemical Engineering Journal, 2021, 425: 130525.

[170] Liang Z, Xue Y, Wang X, et al. Co doped MoS_2 as cocatalyst considerably improved photocatalytic hydrogen evolution of g-C_3N_4 in an alkalescent environment[J]. Chemical Engineering Journal, 2021, 421: 130016.

[171] Fu J, Xu Q, Low J, et al. Ultrathin 2D/2D WO_3/g-C_3N_4 step-scheme H_2-production photocatalyst[J]. Applied Catalysis B: Environmental, 2019, 243: 556-565.

[172] Chen P, Xing P, Chen Z, et al. In-situ synthesis of $AgNbO_3$/g-C_3N_4 photocatalyst via microwave heating method for efficiently photocatalytic H_2 generation[J]. Journal of Colloid and Interface Science, 2019, 534: 163-171.

[173] Tahir M, Iqbal T, Zeba I, et al. Tuning the photocatalytic performance of tungsten oxide by incorporating $Cu_3V_2O_8$ nanoparticles for H_2 evolution under visible light irradiation[J]. Journal of Electrochemical Energy Conversion and Storage, 2020, 17(1): 011002.

[174] Niu P, Zhang L, Liu G, et al. Graphene-like carbon nitride nanosheets for improved photocatalytic activities [J]. Advanced Functional Materials, 2012, 22 (22): 4763-4770.

[175] Li Y, Sun Y, Ho W, et al. Highly enhanced visible-light photocatalytic NO_x purification and conversion pathway on self-structurally modified g-C_3N_4 nanosheets [J]. Science Bulletin, 2018, 63(10): 609-620.

[176] Wang M, Liu Q. Synthesis and photocatalytic property of $Cu_3V_2O_8$ prepared by liquid phase precipitation[J]. Advanced Materials Research, 2011, 236: 1675-1678.

[177] Siddiqui S I, Manzoor O, Mohsin M, et al. Nigella sativa seed based nanocomposite-MnO_2/BC: An antibacterial material for photocatalytic degradation, and adsorptive removal of Methylene blue from water[J]. Environmental Research, 2019, 171: 328-340.

[178] Xu Y, Zhang L, Yin M, et al. Ultrathin g-C_3N_4 films supported on Attapulgite nanofibers with enhanced photocatalytic performance[J]. Applied Surface Science, 2018, 440: 170-176.

[179] Ghiyasiyan-Arani M, Masjedi-Arani M, Salavati-Niasari M. Novel Schiff base ligand-assisted in-situ synthesis of $Cu_3V_2O_8$ nanoparticles via a simple precipitation approach

[J]. Journal of Molecular Liquids, 2016, 216: 59-66.

[180] Sudhaik A, Raizada P, Shandilya P, et al. Magnetically recoverable graphitic carbon nitride and $NiFe_2O_4$ based magnetic photocatalyst for degradation of oxytetracycline antibiotic in simulated wastewater under solar light[J]. Journal of Environmental Chemical Engineering, 2018, 6(4): 3874-3883.

[181] Li M, Gao Y, Chen N, et al. $Cu_3V_2O_8$ nanoparticles as intercalation-type anode material for lithium-ion batteries[J]. Chemistry-A European Journal, 2016, 22(32): 11405-11412.

[182] Lin B, Li H, An H, et al. Preparation of 2D/2D g-C_3N_4 nanosheet@ $ZnIn_2S_4$ nanoleaf heterojunctions with well-designed high-speed charge transfer nanochannels towards high-efficiency photocatalytic hydrogen evolution[J]. Applied Catalysis B: Environmental, 2018, 220: 542-552.

[183] Wang J, Xia Y, Zhao H, et al. Oxygen defects-mediated Z-scheme charge separation in g-C_3N_4/ZnO photocatalysts for enhanced visible-light degradation of 4-chlorophenol and hydrogen evolution[J]. Applied Catalysis B: Environmental, 2017, 206: 406-416.

[184] Wang N, Pan Y, Lu T, et al. A new ribbon-ignition method for fabricating p-CuO/n-CeO_2 heterojunction with enhanced photocatalytic activity[J]. Applied Surface Science, 2017, 403: 699-706.

[185] Ezhilarasi S, Ranjithkumar R, Devendran P, et al. Enhanced electrochemical performance of copper vanadate nanorods as an electrode material for pseudocapacitor application[J]. Journal of Materials Science: Materials in Electronics, 2020, 31(9): 7012-7021.

[186] Wang J, Wang G, Wei X, et al. ZnO nanoparticles implanted in TiO_2 macrochannels as an effective direct Z-scheme heterojunction photocatalyst for degradation of RhB [J]. Applied Surface Science, 2018, 456: 666-675.

[187] Zhang P, Li Y, Zhang Y, et al. Photogenerated electron transfer process in heterojunctions: in situ irradiation XPS[J]. Small Methods, 2020, 4(9): 2000214.

[188] Meng A, Zhu B, Zhong B, et al. Direct Z-scheme TiO_2/CdS hierarchical photocatalyst for enhanced photocatalytic H_2-production activity[J]. Applied Surface Science, 2017, 422: 518-527.

[189] Wu G, Yu L, Liu Y, et al. One step synthesis of N vacancy-doped g-C_3N_4/Ag_2CO_3 heterojunction catalyst with outstanding "two-path" photocatalytic N_2 fixation ability via in-situ self-sacrificial method[J]. Applied Surface Science, 2019, 481: 649-660.

[190] Karthik P, Kumar T N, Neppolian B. Redox couple mediated charge carrier separation in g-C_3N_4/CuO photocatalyst for enhanced photocatalytic H_2 production[J]. International Journal of Hydrogen Energy, 2020, 45(13): 7541-7551.

[191] Hoshino K. New avenues in dinitrogen fixation research[J]. Chemistry-A European Journal, 2001, 7(13): 2727-2731.

[192] Anantharaj S, Karthik K, Amarnath T S, et al. Membrane free water electrolysis

under 1.23 V with Ni_3Se_4/Ni anode in alkali and Pt cathode in acid[J]. Applied Surface Science, 2019, 478: 784-792.

[193] Liu S, Wang S, Jiang Y, et al. Synthesis of Fe_2O_3 loaded porous g-C_3N_4 photocatalyst for photocatalytic reduction of dinitrogen to ammonia[J]. Chemical Engineering Journal, 2019, 373: 572-579.

[194] Yang D, Cai X, Zhang J, et al. Preparation of 0D/2D $ZnFe_2O_4$/Fe-doped g-C_3N_4 hybrid photocatalysts for visible light N_2 fixation[J]. Journal of Alloys and Compounds, 2021, 869: 158809.

[195] Cao S, Fan B, Feng Y, et al. Sulfur-doped g-C_3N_4 nanosheets with carbon vacancies: General synthesis and improved activity for simulated solar-light photocatalytic nitrogen fixation[J]. Chemical Engineering Journal, 2018, 353: 147-156.

[196] Wang S, Guo D, Zong M, et al. Unravelling the strong metal-support interaction between Ru quantum dots and g-C_3N_4 for visible-light photocatalytic nitrogen fixation [J]. Applied Catalysis A: General, 2021, 617: 118112.

[197] Yu L, Mo Z, Zhu X, et al. Construction of 2D/2D Z-scheme MnO_{2-x}/g-C_3N_4 photocatalyst for efficient nitrogen fixation to ammonia[J]. Green Energy & Environment, 2021, 6(4): 538-545.

[198] Mou H, Wang J, Yu D, et al. Fabricating amorphous g-C_3N_4/ZrO_2 photocatalysts by one-step pyrolysis for solar-driven ambient ammonia synthesis[J]. ACS Applied Materials & Interfaces, 2019, 11(47): 44360-44365.

[199] Yao X, Zhang W, Huang J, et al. Enhanced photocatalytic nitrogen fixation of Ag/B-doped g-C_3N_4 nanosheets by one-step in-situ decomposition-thermal polymerization method[J]. Applied Catalysis A: General, 2020, 601: 117647.

[200] Hoffmann M R, Martin S T, Choi W, et al. Environmental applications of semiconductor photocatalysis[J]. Chemical Reviews, 1995, 95(1): 69-96.

[201] Tong H, Ouyang S, Bi Y, et al. Nano-photocatalytic materials: possibilities and challenges[J]. Advanced Materials, 2012, 24(2): 229-251.

[202] Bai S, Jiang J, Zhang Q, et al. Steering charge kinetics in photocatalysis: intersection of materials syntheses, characterization techniques and theoretical simulations[J]. Chemical Society Reviews, 2015, 44(10): 2893-2939.

[203] Shin S, Han H S, Kim J S, et al. A tree-like nanoporous WO_3 photoanode with enhanced charge transport efficiency for photoelectrochemical water oxidation[J]. Journal of Materials Chemistry A, 2015, 3(24): 12920-12926.

[204] Zhang J, Li W, Li Y, et al. Self-optimizing bifunctional CdS/Cu_2S with coexistence of light-reduced CuO for highly efficient photocatalytic H_2 generation under visible-light irradiation[J]. Applied Catalysis B: Environmental, 2017, 217: 30-36.

[205] Li H, Zhou Y, Tu W, et al. State-of-the-art progress in diverse heterostructured photocatalysts toward promoting photocatalytic performance[J]. Advanced Functional Materials, 2015, 25(7): 998-1013.

[206] Kalantar-Zadeh K, Ou J Z, Daeneke T, et al. Two-dimensional transition metal dichalcogenides in biosystems[J]. Advanced Functional Materials, 2015, 25(32): 5086-5099.

[207] Luo B, Liu G, Wang L. Recent advances in 2D materials for photocatalysis[J]. Nanoscale, 2016, 8(13): 6904-6920.

[208] Li X, Bi W, Zhang L, et al. Single-atom Pt as co-catalyst for enhanced photocatalytic H_2 evolution[J]. Advanced Materials, 2016, 28(12): 2427-2431.

[209] Arslan O, Topuz F, Eren H, et al. Pd nanocube decoration onto flexible nanofibrous mats of core-shell polymer-ZnO nanofibers for visible light photocatalysis[J]. New Journal of Chemistry, 2017, 41(10): 4145-4156.

[210] Zhang H, Liu G, Shi L, et al. Single-atom catalysts: emerging multifunctional materials in heterogeneous catalysis[J]. Advanced Energy Materials, 2018, 8(1): 1701343.

[211] Zhang W, Kjær K S, Alonso-Mori R, et al. Manipulating charge transfer excited state relaxation and spin crossover in iron coordination complexes with ligand substitution [J]. Chemical Science, 2017, 8(1): 515-523.

[212] Wang S, Kershaw S V, Li G, et al. The self-assembly synthesis of tungsten oxide quantum dots with enhanced optical properties[J]. Journal of Materials Chemistry C, 2015, 3(14): 3280-3285.

[213] Gholipour M R, Dinh C T, Béland F, et al. Nanocomposite heterojunctions as sunlight-driven photocatalysts for hydrogen production from water splitting[J]. Nanoscale, 2015, 7(18): 8187-8208.

[214] Wang S L, Lin S H, Zhang D Q, et al. Controlling charge transfer in quantum-size titania for photocatalytic applications[J]. Applied Catalysis B: Environmental, 2017, 215: 85-92.

[215] Gao G, Jiao Y, Waclawik E R, et al. Single atom (Pd/Pt) supported on graphitic carbon nitride as an efficient photocatalyst for visible-light reduction of carbon dioxide [J]. Journal of the American Chemical Society, 2016, 138(19): 6292-6297.

[216] Fei H, Dong J, Arellano-Jimenez M J, et al. Atomic cobalt on nitrogen-doped graphene for hydrogen generation[J]. Nature Communications, 2015, 6: 8668-8675.

[217] Qiu H J, Ito Y, Cong W, et al. Nanoporous graphene with single-atom nickel dopants: an efficient and stable catalyst for electrochemical hydrogen production[J]. Angewandte Chemie International Edition, 2015, 54(47): 14031-14035.

[218] Ohno T, Higo T, Saito H, et al. Dependence of photocatalytic activity on aspect ratio of a brookite TiO_2 nanorod and drastic improvement in visible light responsibility of a brookite TiO_2 nanorod by site-selective modification of Fe^{3+} on exposed faces[J]. Journal of Molecular Catalysis A: Chemical, 2015, 396: 261-267.

[219] Sharma R, Khanuja M, Islam S, et al. Aspect-ratio-dependent photoinduced antimicrobial and photocatalytic organic pollutant degradation efficiency of ZnO nanorods[J]. Research on Chemical Intermediates, 2017, 43: 5345-5364.

[220] Zhang H, Hu C, Ding Y, et al. Synthesis of 1D Sb_2S_3 nanostructures and its application in visible-light-driven photodegradation for MO[J]. Journal of Alloys and Compounds, 2015, 625: 90-94.

[221] Di T, Zhu B, Zhang J, et al. Enhanced photocatalytic H_2 production on CdS nanorod using cobalt-phosphate as oxidation cocatalyst[J]. Applied Surface Science, 2016, 389: 775-782.

[222] Wong R J, Liu S, Ng Y H, et al. Fabrication of high aspect ratio and open-ended TiO_2 nanotube photocatalytic arrays through electrochemical anodization[J]. AIChE Journal, 2016, 62(2): 415-420.

[223] Peng Y, Wang K K, Liu T, et al. Synthesis of one-dimensional Bi_2O_3-$Bi_2O_{2.33}$ heterojunctions with high interface quality for enhanced visible light photocatalysis in degradation of high-concentration phenol and MO dyes[J]. Applied Catalysis B: Environmental, 2017, 203: 946-954.

[224] Zhang J, Xiao G, Xiao F X, et al. Revisiting one-dimensional TiO_2 based hybrid heterostructures for heterogeneous photocatalysis: a critical review[J]. Materials Chemistry Frontiers, 2017, 1(2): 231-250.

[225] Qin Z, Xue F, Chen Y, et al. Spatial charge separation of one-dimensional Ni_2P-$Cd_{0.9}Zn_{0.1}S$/g-C_3N_4 heterostructure for high-quantum-yield photocatalytic hydrogen production[J]. Applied Catalysis B: Environmental, 2017, 217: 551-559.

[226] Han B, Liu S, Zhang N, et al. One-dimensional CdS@ MoS_2 core-shell nanowires for boosted photocatalytic hydrogen evolution under visible light[J]. Applied Catalysis B: Environmental, 2017, 202: 298-304.

[227] Haque F, Daeneke T, Kalantar-Zadeh K, et al. Two-dimensional transition metal oxide and chalcogenide-based photocatalysts[J]. Nano-Micro Letters, 2018, 10(2): 1-27.

[228] Novoselov K S, Geim A K, Morozov S V, et al. Electric field effect in atomically thin carbon films[J]. Science, 2004, 306(5696): 666-669.

[229] Xia P, Zhu B, Yu J, et al. Ultra-thin nanosheet assemblies of graphitic carbon nitride for enhanced photocatalytic CO_2 reduction[J]. Journal of Materials Chemistry A, 2017, 5(7): 3230-3238.

[230] Weng Q, Wang X, Wang X, et al. Functionalized hexagonal boron nitride nanomaterials: emerging properties and applications[J]. Chemical Society Reviews, 2016, 45(14): 3989-4012.

[231] Ou H, Lin L, Zheng Y, et al. Tri-s-triazine-based crystalline carbon nitride nanosheets for an improved hydrogen evolution[J]. Advanced Materials, 2017, 29(22): 1700008.

[232] Ong W J, Tan L L, Ng Y H, et al. Graphitic carbon nitride (g-C_3N_4)-based photocatalysts for artificial photosynthesis and environmental remediation: are we a step closer to achieving sustainability[J]. Chemical Reviews, 2016, 116(12): 7159-7329.

[233] Tang Q, Jiang D E. Stabilization and band-gap tuning of the 1T-MoS_2 monolayer by

covalent functionalization[J]. Chemistry of Materials, 2015, 27(10): 3743-3748.

[234] Zhang J, Ye M, Bhandari S, et al. Enhanced second and third harmonic generations of vertical and planar spiral MoS_2 nanosheets[J]. Nanotechnology, 2017, 28(29): 295301.

[235] Voiry D, Fullon R, Yang J, et al. The role of electronic coupling between substrate and 2D MoS_2 nanosheets in electrocatalytic production of hydrogen[J]. Nature Materials, 2016, 15(9): 1003-1009.

[236] Lara M A, Sayagués M J, Navío J A, et al. A facile shape-controlled synthesis of highly photoactive fluorine containing TiO_2 nanosheets with high {001} facet exposure [J]. Journal of Materials Science, 2018, 53(1): 435-446.

[237] Chen W, Kuang Q, Wang Q, et al. Engineering a high energy surface of anatase TiO_2 crystals towards enhanced performance for energy conversion and environmental applications[J]. RSC Advances, 2015, 5(26): 20396-20409.

[238] Yu J C C, Nguyen V H, Lasek J, et al. Titania nanosheet photocatalysts with dominantly exposed (001) reactive facets for photocatalytic NO_x abatement[J]. Applied Catalysis B: Environmental, 2017, 219: 391-400.

[239] Yu X, Zhao Z, Zhang J, et al. One-step synthesis of ultrathin nanobelts-assembled urchin-like anatase TiO_2 nanostructures for highly efficient photocatalysis[J]. Crystengcomm, 2017, 19(1): 129-136.

[240] Miao Y, Zhang H, Yuan S, et al. Preparation of flower-like ZnO architectures assembled with nanosheets for enhanced photocatalytic activity[J]. Journal of Colloid and Interface Science, 2016, 462: 9-18.

[241] Yang Y, Geng L, Guo Y, et al. Morphology evolution and excellent visible-light photocatalytic activity of BiOBr hollow microspheres[J]. Journal of Chemical Technology & Biotechnology, 2017, 92(6): 1236-1247.

[242] Natarajan T S, Bajaj H C, Tayade R J. Synthesis of homogeneous sphere-like Bi_2WO_6 nanostructure by silica protected calcination with high visible-light-driven photocatalytic activity under direct sunlight[J]. Crystengcomm, 2015, 17(5): 1037-1049.

[243] Yang L, Han Q, Zhu J, et al. Synthesis of egg-tart shaped $Bi_2O_2CO_3$ hierarchical nanostructures from single precursor and its photocatalytic performance[J]. Materials Letters, 2015, 138: 235-237.

[244] Dong W, Yao Y, Li L, et al. Three-dimensional interconnected mesoporous anatase TiO_2 exhibiting unique photocatalytic performances[J]. Applied Catalysis B: Environmental, 2017, 217: 293-302.

[245] Zhu Y, Wan T, Wen X, et al. Tunable Type Ⅰ and Ⅱ heterojunction of CoO_x nanoparticles confined in g-C_3N_4 nanotubes for photocatalytic hydrogen production[J]. Applied Catalysis B: Environmental, 2019, 244: 814-822.

[246] Kumar R, Das D, Singh A K. C_2N/WS_2 van der Waals type-Ⅱ heterostructure as a promising water splitting photocatalyst[J]. Journal of Catalysis, 2018, 359: 143-150.

[247] Liu X, Kang Y. Synthesis and high visible-light activity of novel $Bi_2O_3/FeVO_4$

heterojunction photocatalyst[J]. Materials Letters, 2016, 164: 229-231.

[248] Zhang J, Ma H, Liu Z. Highly efficient photocatalyst based on all oxides WO_3/Cu_2O heterojunction for photoelectrochemical water splitting[J]. Applied Catalysis B: Environmental, 2017, 201: 84-91.

[249] Zhang L, Yu W, Han C, et al. Large scaled synthesis of heterostructured electrospun TiO_2/SnO_2 nanofibers with an enhanced photocatalytic activity[J]. Journal of the Electrochemical Society, 2017, 164(9): H651.

[250] Chen L, Hua H, Yang Q, et al. Visible-light photocatalytic activity of Ag_2O coated Bi_2WO_6 hierarchical microspheres assembled by nanosheets[J]. Applied Surface Science, 2015, 327: 62-67.

[251] Hao R, Wang G, Tang H, et al. Template-free preparation of macro/mesoporous g-C_3N_4/TiO_2 heterojunction photocatalysts with enhanced visible light photocatalytic activity[J]. Applied Catalysis B: Environmental, 2016, 187: 47-58.

[252] Nelson N, Mazor Y, Toporik H, et al. Crystal structure of synechocystis mutants and plant photosystem I[J]. Biophysical Journal, 2014, 106(2): 369a-370a.

[253] Iwase Y, Tomita O, Naito H, et al. Molybdenum-substituted polyoxometalate as stable shuttle redox mediator for visible light driven Z-scheme water splitting system[J]. Journal of Photochemistry and Photobiology A: Chemistry, 2018, 356: 347-354.

[254] Chandran R B, Breen S, Shao Y, et al. Evaluating particle-suspension reactor designs for Z-scheme solar water splitting via transport and kinetic modeling[J]. Energy & Environmental Science, 2018, 11(1): 115-135.

[255] Jiang Z, Wan W, Li H, et al. A Hierarchical Z-Scheme α-Fe_2O_3/g-C_3N_4 Hybrid for Enhanced Photocatalytic CO_2 Reduction[J]. Advanced Materials, 2018, 30(10): 1706108.

[256] Low J, Jiang C, Cheng B, et al. A review of direct Z-scheme photocatalysts[J]. Small Methods, 2017, 1(5): 1700080.

[257] Miao X, Shen X, Wu J, et al. Fabrication of an all solid Z-scheme photocatalyst g-C_3N_4/GO/AgBr with enhanced visible light photocatalytic activity[J]. Applied Catalysis A: General, 2017, 539: 104-113.

[258] Zhou F Q, Fan J C, Xu Q J, et al. BiVO4 nanowires decorated with CdS nanoparticles as Z-scheme photocatalyst with enhanced H_2 generation[J]. Applied Catalysis B: Environmental, 2017, 201: 77-83.

[259] Xiao T, Tang Z, Yang Y, et al. In situ construction of hierarchical WO_3/g-C_3N_4 composite hollow microspheres as a Z-scheme photocatalyst for the degradation of antibiotics[J]. Applied Catalysis B: Environmental, 2018, 220: 417-428.

[260] Wu Y, Wang H, Tu W, et al. Quasi-polymeric construction of stable perovskite-type $LaFeO_3$/g-C_3N_4 heterostructured photocatalyst for improved Z-scheme photocatalytic activity via solid pn heterojunction interfacial effect[J]. Journal of Hazardous Materials, 2018, 347: 412-422.

[261] Zhu B, Xia P, Li Y, et al. Fabrication and photocatalytic activity enhanced mechanism of direct Z-scheme g-C_3N_4/Ag_2WO_4 photocatalyst[J]. Applied Surface Science, 2017, 391: 175-183.

[262] Yuan Y J, Chen D, Yang S, et al. Constructing noble-metal-free Z-scheme photocatalytic overall water splitting systems using MoS_2 nanosheet modified CdS as a H_2 evolution photocatalyst[J]. Journal of Materials Chemistry A, 2017, 5(40): 21205-21213.

[263] Wu F, Li X, Liu W, et al. Highly enhanced photocatalytic degradation of methylene blue over the indirect all-solid-state Z-scheme g-C_3N_4-RGO-TiO_2 nanoheterojunctions [J]. Applied Surface Science, 2017, 405: 60-70.

[264] Liang S, Han B, Liu X, et al. 3D spatially branched hierarchical Z-scheme CdS-Au nanoclusters-ZnO hybrids with boosted photocatalytic hydrogen evolution[J]. Journal of Alloys and Compounds, 2018, 754: 105-113.

[265] Zhang C, Yu K, Feng Y, et al. Novel 3DOM-$SrTiO_3$/Ag/Ag_3PO_4 ternary Z-scheme photocatalysts with remarkably improved activity and durability for contaminant degradation[J]. Applied Catalysis B: Environmental, 2017, 210: 77-87.

[266] Zeng X, Wang Z, Wang G, et al. Highly dispersed TiO_2 nanocrystals and WO_3 nanorods on reduced graphene oxide: Z-scheme photocatalysis system for accelerated photocatalytic water disinfection[J]. Applied Catalysis B: Environmental, 2017, 218: 163-173.

[267] Lin W, Cao E, Zhang L, et al. Electrically enhanced hot hole driven oxidation catalysis at the interface of a plasmon-exciton hybrid[J]. Nanoscale, 2018, 10(12): 5482-5488.

[268] Beane G, Brown B S, Johns P, et al. Strong exciton-plasmon coupling in silver nanowire nanocavities[J]. The Journal of Physical Chemistry Letters, 2018, 9(7): 1676-1681.

[269] Llorente V B, Dzhagan V M, Gaponik N, et al. Electrochemical tuning of localized surface plasmon resonance in copper chalcogenide nanocrystals[J]. The Journal of Physical Chemistry C, 2017, 121(33): 18244-18253.

[270] Wang D, Wang W, Wang Q, et al. Spatial separation of Pt and IrO_2 cocatalysts on SiC surface for enhanced photocatalysis[J]. Materials Letters, 2017, 201: 114-117.

[271] Lee J E, Bera S, Ipan. Size-dependent plasmonic effects of M and M@ SiO_2 (M= Au or Ag) deposited on TiO_2 in photocatalytic oxidation reactions[J]. Applied Catalysis B: Environmental, 2017, 214: 15-22.

[272] Zhang G, Miao H, Hu X, et al. A facile strategy to fabricate Au/TiO_2 nanotubes photoelectrode with excellent photoelectrocatalytic properties[J]. Applied Surface Science, 2017, 391: 345-352.

[273] Liu J, Zhang C, Ma B, et al. Rational design of photoelectron-trapped/accumulated site and transportation path for superior photocatalyst[J]. Nano Energy, 2017, 38:

271-280.

[274] Zhang X, Ke X, Yao J. Recent development of plasmon-mediated photocatalysts and their potential in selectivity regulation[J]. Journal of Materials Chemistry A, 2018, 6(5): 1941-1966.

[275] Matthews J R, Payne C M, Hafner J H. Analysis of phospholipid bilayers on gold nanorods by plasmon resonance sensing and surface-enhanced raman scattering[J]. Langmuir, 2015, 31(36): 9893-9900.

[276] Wang D D, Ge C W, Wu G A, et al. A sensitive red light nano-photodetector propelled by plasmonic copper nanoparticles[J]. Journal of Materials Chemistry C, 2017, 5(6): 1328-1335.

[277] Reineck P, Brick D, Mulvaney P, et al. Plasmonic hot electron solar cells: the effect of nanoparticle size on quantum efficiency[J]. The Journal of Physical Chemistry Letters, 2016, 7(20): 4137-4141.

[278] Li K, Hogan N J, Kale M J, et al. Balancing near-field enhancement, absorption, and scattering for effective antenna-reactor plasmonic photocatalysis[J]. Nano Letters, 2017, 17(6): 3710-3717.

[279] Song H, Meng X, Dao T D, et al. Light-enhanced carbon dioxide activation and conversion by effective plasmonic coupling effect of Pt and Au nanoparticles[J]. ACS Applied Materials & Interfaces, 2018, 10(1): 408-416.

[280] Li X, Sun Y, Xiong T, et al. Activation of amorphous bismuth oxide via plasmonic Bi metal for efficient visible-light photocatalysis[J]. Journal of Catalysis, 2017, 352: 102-112.

[281] Zhao Z, Zhang W, Lv X, et al. Noble metal-free Bi nanoparticles supported on TiO_2 with plasmon-enhanced visible light photocatalytic air purification[J]. Environmental Science: Nano, 2016, 3(6): 1306-1317.

[282] Sun Y, Zhao Z, Zhang W, et al. Plasmonic Bi metal as cocatalyst and photocatalyst: the case of $Bi/(BiO)_2CO_3$ and Bi particles[J]. Journal of Colloid and Interface Science, 2017, 485: 1-10.

[283] Cheng L, Yue X, Fan J, et al. Site-specific electron-driving observations of CO_2-to-CH_4 photoreduction on co-doped CeO_2/crystalline carbon nitride S-scheme heterojunctions[J]. Advanced Materials, 2022, 34(27): 2200929.

[284] Zhang P, Wang T, Zeng H. Design of Cu-Cu_2O/g-C_3N_4 nanocomponent photocatalysts for hydrogen evolution under visible light irradiation using water-soluble Erythrosin B dye sensitization[J]. Applied Surface Science, 2017, 391: 404-414.